中华经典藏书

跟鲁迅学骨气

李千 ◎著

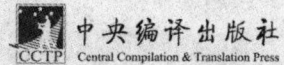
中央编译出版社
Central Compilation & Translation Press

图书在版编目(CIP)数据

跟鲁迅学骨气 / 李千著. -- 北京：中央编译出版社, 2015.1
　ISBN 978-7-5117-2395-6

Ⅰ.①跟… Ⅱ.①李… Ⅲ.①道德修养–通俗读物 Ⅳ.①B825-49

中国版本图书馆CIP数据核字(2014)第259623号

跟鲁迅学骨气

出 版 人：	刘明清
出版统筹：	董　巍
策划编辑：	黄海明
责任编辑：	霍星辰
责任印制：	尹　珺
出版发行：	中央编译出版社
地　　址：	北京市西城区车公庄大街乙5号鸿儒大厦B座(100044)
电　　话：	(010)52612345(总编室)　　(010)52612313(编辑室)
	(010)52612316(发行部)　　(010)52612317(网络销售)
	(010)52612346(馆配部)　　(010)66509618(读者服务部)
传　　真：	(010)66515838
经　　销：	全国新华书店
印　　刷：	北京高岭印刷有限公司
开　　本：	710毫米×1000毫米　1/16
字　　数：	151千字
印　　张：	15.5
版　　次：	2015年1月第1版第1次印刷
定　　价：	36.00元
网　　址：	www.cctphome.com　　邮　箱：cctp@cctphome.com
新浪微博：	@中央编译出版社　微　信：中央编译出版社(ID:cctphome)
淘宝店铺：	中央编译出版社直销店(http://shop108367160.taobao.com)

本社常年法律顾问：北京市吴栾赵阎律师事务所律师　闫军　梁勤
凡有印装质量问题，本社负责调换。电话：010-66509618

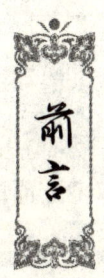

前言

在中国文坛上,有这么一位影响巨大的人物,他以笔代戈、奋笔疾书,战斗一生,引领人们走向更加深邃的精神世界,被誉为"民族魂"。毛泽东评价他是伟大的文学家、思想家和革命家,是中华文化革命的主将。这个人就是鲁迅。

"横眉冷对千夫指,俯首甘为孺子牛"是鲁迅先生一生的写照,也是他高尚人格的体现。郁达夫说:"没有伟大人物出现的民族,是世界上最可怜的生物之群;有了伟大人物而不知拥护爱戴崇仰的国家,是没有希望的奴隶之邦。"鲁迅是郁达夫提到的伟大人物,是我们精神文化生活中说不尽的"热点",是那个永远散发着特质的人。

当下常常有人说,鲁迅的精神已经过时了,已经不符合这个时代的主流了。可事实却不尽然。当今的我们,正处在努力实现中华民族伟大复兴的大时代,而鲁迅正是代表了为实现中华民族伟大复兴而寻找真理的一代人。

现实社会是复杂多变的。生活的艰辛磨平了人们身上的棱角,岁月的流逝让人们学会了忍气吞声、得过且过,可有些事情不是说过去了就没事了。人,要活得有尊严,有骨气!

在现实社会面前,我们应该静下心来思索,正如北大教授钱理群所说:"凡在有思索的地方,凡有思索的人,鲁迅就是一个不可忽视的存在。"从某种意义上说,鲁迅的精神并没有过时,我们还需要继续发扬鲁迅精神,学习鲁迅的智慧。这本书不仅阐述了鲁迅关于志气、傲骨、美德、抗争、正气等方面的故事,更重要的是,他的故事展示出了他的骨气以及多方面的杰出品质。帮助我们理智地面对社会现实,在纷乱的人群中找到自我。

  本书内容丰富,从多个方面展现了鲁迅的骨气与智慧,很多故事都折射出鲁迅的人生和个性。培根说:"用名人的事例激励孩子,胜过一切教育。"榜样的力量是无穷的,名人则是最好的榜样,向鲁迅这样的名人学习,你将受益匪浅。希望你能从本书汲取到对自身有益的精神元素。

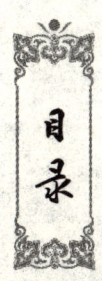

第一章 跟鲁迅学志气

——文艺救国,永不动摇 …………………………… 1

　　我们每个人都活在精神与物质的双重氛围里。精神虽无形,却支配着我们的世界观和举止言行。自古以来,我们把这种精神称之为"气",没有"气"就不能成功。人生的路途艰辛并充满荆棘,在现实的物质社会里、在形形色色的物质诱惑包围中,最难能可贵的是能够坚持自己的志向并不断为之奋进。没有生活目标和远大志向的人,只会变得懒惰、听天由命,永远不会去把握成功的契机,也永远不会有所创造。因为"伟大的动力来自伟大的目标"。

1. 坚持心中的信念,永不向困难妥协 …………………… 2
2. 人活着要有志气 …………………………………………… 5
3. 心中要有明确的目标与方向 …………………………… 9
4. 理想要与现实结合 ……………………………………… 12
5. 单是说不行,要紧的是做 ……………………………… 14
6. 不怕人穷,就怕没志气 ………………………………… 19
7. 与其怨天尤人,不如改变自己 ………………………… 22
8. 不为一时怒,但争一口气 ……………………………… 26
9. 志存高远,也要从小事做起 …………………………… 29
10. 勤奋刻苦铺就成功之路 ……………………………… 32
11. 远离没有"恒心"的日子 ……………………………… 36

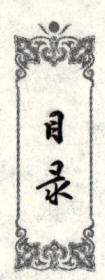

 **跟鲁迅学傲骨**
　　——傲气可无,傲骨必有 ………… 40
　　有傲骨的人,只会使人感到亲近,感到和蔼,感到一种力量和尊严;有傲气的人,却会让人疏远而难于接受,或敬而远之,或避而躲之,使人感到压抑和难堪。傲骨,是一种任重而道远的追求,也许一个人要终其一生始获真谛;傲气,是一种顺手牵羊、摘花带叶的以身相许,一个人往往深陷其中不仅不知自拔,反而不亦乐乎。今天,对于我们所有人来说,都应该努力培养自己的气质,做人至少要讲究一点骨气。

1. 保持本色,自我品格不能丢 ………… 41
2. 强权面前,绝不低头 ………… 44
3. 面对权威,不盲从不退缩 ………… 49
4. 隐忍,不是懦弱 ………… 52
5. 威逼利诱,气节不改 ………… 56
6. 傲气太盛,自大会害自己 ………… 60
7. 将羞辱化为前进的动力 ………… 64
8. 屈尊做人,不会降低人格 ………… 68
9. 放下架子心地宽 ………… 72

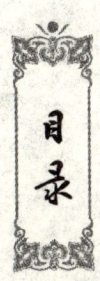

 **跟鲁迅学自省**
——审视自我，提升品格 ……………………………… 76

  自省是一面镜子，任何人都可以从中看到自己的影像。因此，我们要在自己的言行中，不断地审视自己，这样才能更好地对自己有一个全新的认识，才能找出自己的不足和错误之处。进而才能改变自己，提升自我品格，在人生道路上昂首挺胸的向前迈进。

1. 战胜自己，别人才会看得起你 ……………………… 77
2. 正视缺点，接纳自己 ………………………………… 80
3. 求变通，当自省 ……………………………………… 84
4. 反躬自省，懂得忘记 ………………………………… 87
5. 做人应该有主见 ……………………………………… 90
6. 放下面子，赢得尊重 ………………………………… 95
7. 自欺欺人不可为 ……………………………………… 98
8. 做人不能太势利 ……………………………………… 102
9. 抵住诱惑，拒绝虚荣 ………………………………… 105
10. 清醒应对他人的恭维 ………………………………… 109
11. 嫉妒之心不可有 ……………………………………… 112
12. 为小事斤斤计较是无能的表现 ……………………… 115
13. 不敷衍的人敢于担当 ………………………………… 119

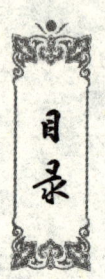

 **第四章 跟鲁迅学美德**
——以德立身,以德修行 ················ 123

以德立身贯穿于每个人的人生全过程,是一个人做人最根本的原则。有德行的人会让人尊重,令人心生愉悦;有德行的人说话有分寸,不会粗俗无礼;有德行的人端庄大方,不会做作轻浮;有德行的人会真心赞美他人,而不会嫉妒他人。在人生的不同阶段,道德对人的要求虽有着不同的变化,每个人体验和经历的内容也不一样,但"以德立身"的人生支柱是不变的,它对每个人的人生大厦起着支撑作用的定律也是不变的。

1. 宽容不是懦弱 ································ 124
2. 得理也要让三分 ······························ 128
3. 以诚立身,人生更精彩 ······················ 132
4. 不耻下问,谦虚修身 ························ 135
5. 节俭,是人格与品质的表现 ················ 140
6. 真诚待人,方能收获尊重 ··················· 143
7. 为朋友着想,才是真友情 ··················· 146
8. 敢于指出朋友的错误 ························ 150
9. 不要轻视弱者 ································ 152
10. 关怀别人,收获美好 ······················· 155
11. 慎言是做人的一种修养 ···················· 158
12. 糊涂是种高尚品德 ························· 162
13. 珍惜时间,不虚此生 ······················· 166

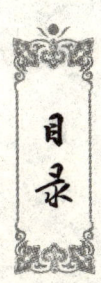

第五章　跟鲁迅学抗争
——永不服输,才是骨气 ………………………… 169

　　人生,有时候需要的就是那么一点抗争的勇气,有了勇气做底,便什么都不再怕了,人生的路也变得越来越宽。正像洛克说的:"人生的磨难是很多的,所以我们不可对每一件轻微的伤害都过于敏感。在生活磨难面前,精神上的坚强和无动于衷是我们抵抗罪恶和人生意外的最好武器。"

1. 在拒绝中彰显骨气 ………………………………… 170
2. 据理力争,顽强不屈 ………………………………… 173
3. 沉默是抗争的力量 …………………………………… 176
4. 跟胆怯说再见 ………………………………………… 180
5. 知难而进,勇往直前 ………………………………… 183
6. 坚持真理,永不动摇 ………………………………… 185
7. 懂得低头,让你的人生不平凡 ……………………… 189
8. 鼓足勇气,清除障碍 ………………………………… 193
9. 绝望之中往往伴有希望 ……………………………… 196
10. 不满足于现状,要进步 ……………………………… 200
11. 乐观的心态,成就美好人生 ………………………… 204

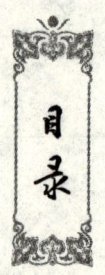

 **跟鲁迅学正气**

——正义凛然,绝不动摇 ·················· 207

司马迁曾说:"人固有一死,或重于泰山,或轻于鸿毛。"其实死亡是每个人都要面对的,一个人如果能为正义而死,那是死得其所;但如果因为害怕死、逃避死而对敌人卑躬屈膝,就会被万人唾弃。有骨气的人在面临生死抉择时,总是选择舍生取义。骨气是人与生俱来的一种东西,不会因为外物的干扰或阻挠而消减。所以,真正有骨气的人宁可站着死,也不跪着生,宁可舍弃生命,也不出卖人格。为的就是坚持心中的一腔正义。

1. 爱国,从自身开始做起 ················ 208
2. 尊严受伤,不能沉默 ················· 211
3. 正气,让人无所畏惧 ················· 214
4. 敢于说真话 ························ 218
5. 正义,才是正确的价值取向 ············ 221
6. 做人要忠诚,要坚持正气 ·············· 225
7. 树立正确的金钱观 ··················· 229
8. 明哲保身是一种艺术 ················· 232

第一章

跟鲁迅学志气

——文艺救国,永不动摇

我们每个人都活在精神与物质的双重氛围里。精神虽无形,却支配着我们的世界观和举止言行。自古以来,我们把这种精神称之为"气",没有"气"就不能成功。人生的路途艰辛并充满荆棘,在现实的物质社会里、在形形色色的物质诱惑包围中,最难能可贵的是能够坚持自己的志向并不断为之奋进。没有生活目标和远大志向的人,只会变得懒惰、听天由命,永远不会去把握成功的契机,也永远不会有所创造。因为"伟大的动力来自伟大的目标"。

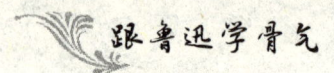

1.坚持心中的信念,永不向困难妥协

人生的道路不都是一帆风顺的,路途中总是充满了坎坷,但只要心中有一个坚定的信念,永不放弃,总会看到光明。即便前途的路再崎岖,前途的风浪再大,只要执著的追求了,就一定会无怨无悔。信念是成功的基础,坚持信念不动摇,既是不向困难妥协的骨气,也是打开成功之门的保证。

鲁迅说:"坚持了写作之路,莫回头。"他的一生也正是这么做的。在信念的树立和坚持的过程中,鲁迅终于实现了自己的人生价值,成了中国文化革命的主将,闻名于世的思想家。

鲁迅相信文学艺术可以拯救国家,可以改变人们的精神,为了实现这个理想,他弃医从文,开始用文字这个武器与封建社会进行斗争。他跟几个志同道合的友人决定要办一个文艺性的杂志,以此打开文学艺术领域的新局面。那时,鲁迅格外注意文艺复兴时期的新兴文学,因此,他们最终用了但丁的诗集名《新生》作为刊物的名称。鲁迅之所以用这个名称,其实是希望这本《新生》杂志能跟但丁那样探索民族的灵魂,使得祖国获得新生,充满活力。不难看出,这本杂志寄寓了鲁迅对社会的美好希望。

虽然鲁迅想通过《新生》这本杂志唤起祖国人民的新精神,但是周围的人几乎都参与到了革命政治活动中去,因此漠视了文学艺术。所以,鲁迅的这一想法在当时并不被人所理解,杂志还没有问世,就被扼杀在了摇篮里。更为可气的是,"新生"这个名称还招来了很多人的冷嘲热讽,还有人故意挖苦说:"这不会是县试所取的进学的新生罢。"

《新生》是鲁迅迈上文学道路的第一步,它的幻灭,使得鲁迅非常苦恼。但鲁迅并没有因此沉浸在失败当中,而是进行了深刻的思考,他认识

第一章 跟鲁迅学志气——文艺救国,永不动摇

到文学艺术道路是艰难的,需要进行更为充分的准备。为此,鲁迅阅读了大量的书籍,同时也翻译了不少书籍,还会练习如何写文章。当他觉得自己的文章写得还可以的时候,他便向上海商务印书馆投稿。文章投出去之后,一连几天都没有回音。直到有一天,鲁迅收到了上海商务印书馆的回信,然而里面并不是登载着他的文章的刊物,而是原封不动的稿子。不过,富有锐气的鲁迅并没有放弃,依旧继续写文章,然后将写好的文章再次投给上海商务印书馆,不幸的是,文章最后又被退了回来,附信中还说,不希望再收到这样的文章。然而鲁迅对此却不予理会,在失望之余,他依旧继续写文章,写好了又寄出去。

虽然文章还是多次被退了回来,但在这艰难的磨练中,鲁迅的思想逐渐变得犀利起来。从1907年底到1908年,他的几篇重要的文章先后在杂志上发表,如《人之历史》《摩罗诗力说》《科学史教篇》《文化偏至论》等,文中阐述的科学观、政治观、社会观、价值观,都与改变人的精神有关。虽然在当时,文章的反响并不是很大,却显示出了鲁迅这位青年思想家的非凡才能。后来,鲁迅又发表了数篇作品,终于成了思想界受人尊敬的学者。

鲁迅正是一直坚持着心中的信念,用坚韧的性格,开始了自己的文学道路,也正是这种锲而不舍的韧性精神,使得他敢于直视前途中的任何坎坷与重重障碍,最终到达胜利的彼岸。

心中有一个明确的方向,坚定的信念并不难,难的是要时刻坚持自己的信念,遇到挫折与艰难险阻时不犹豫、不放弃。关于这一点,鲁迅无疑是我们值得学习的榜样,因为"真的猛士,敢于直面惨淡的人生"。

有人说过:"人,只要有一种信念,有所追求,那就什么苦都能忍受,什么环境也都能适应。"古往今来,成就伟大事业的人无不具备坚定的信念,永不放弃的精神。

在电灯还没有发明出来之前，煤油灯和煤气灯是人们最常采用的照明工具。但这种照明灯有很多弊端，在燃烧过程中会发出难闻的气味，会产生浓浓的黑烟，甚至容易引起火灾，另外，这种灯清洗起来也非常麻烦。总的说来，这种灯既不安全，也不方便。

1879年10月21日，美国"发明大王"爱迪生通过长期的反复试验，终于制造出了世界上第一盏有实用价值的电灯。从此，电灯走入了千家万户，成了不可缺的照明工具。

电灯的发明过程其实并不是一帆风顺的。爱迪生最初从白热灯着手试验，在玻璃泡里加入了一小截炭丝，但是这种丝只要一通电就会立刻断裂。不过，爱迪生却从中得到了一个重要的结论：白热灯的关键是碳丝，这是问题的症结。那么哪种耐热材料是最适合的选择呢？顺着这个思路，爱迪生进行了深思，他想到了熔点最高，耐热性较强的白金。几次试验之后，爱迪生发现，电灯发光时间是延长了不少，但还是会自动灭掉。之后，他又试验了钡、钛、铟等稀有金属，但最终效果都很不理想。过了一段时间，爱迪生对前边的实验工作做了总结，所用过的各种耐热材料共有1600种之多。

后来，爱迪生用棉纱做成的炭丝进行了多次试验，将灯泡的寿命一下子延长到13个小时，后来又延长到了45小时。人们在祝贺爱迪生成功的同时，预感到电光时代要来临了。

然而，爱迪生却没有丝毫的满足，他认为一定还有更为合适的材料，可以让电灯亮1000个小时，最好是16000个小时！在这个信念的支撑下，爱迪生又尝试了头发、胡子、马鬃等材料，最后采用了竹这种植物。炭化后的竹丝装进玻璃灯泡中，通上电后，灯泡能连续不断地亮1200个小时！就这样，美国人民用上了价廉物美、经久耐用的竹丝灯泡。

直到1906年，爱迪生又改用钨丝来做，使得灯泡的寿命又得到了进一步提高。并且用钨丝做灯丝的灯泡一直沿用到今天。

发明大王爱迪生在做电灯实验的过程中,一直抱着要找到最好的灯丝材料的信念,做了1000多次的尝试,终于取得了成功。试想,如果爱迪生没有坚持心中的信念,而是选择了中途放弃,那么他就不会获得如此大的成就。

信念是一种精神,是一种品质,是一种永不向困难低头的决心。越王勾践卧薪尝胆,终于打败吴王,洗刷国耻;司马迁身受宫刑,但忍辱负重,最终完成了旷世奇文《史记》;布鲁诺坚持日心说不与教会妥协,即使被烧死也无所惧……在困难面前,他们都没有选择妥协,而是通过坚持心中的信念,实现自己的人生价值,这不就是一种志气,一种骨气吗!

2.人活着要有志气

孟子说:"富贵不能淫,贫贱不能移,威武不能屈。"王勃说:"穷且益坚,不坠青云之志。"俗语中也说:"佛活一炷香,人争一口气。"由此可见,人活着就要活出尊严,就要有志气、有骨气。骨气与志气是有一定关联的。"志气"是指一个人的志向与坚定的信念,而"骨气"则是完美人格的外在体现。

人活着就要有志气,无论做什么事情,都要积极认真,经过个人努力,最终战胜困难。没有志气的人,就没有了做人的尊严,遭人鄙视,被人讨厌,生活就失去了动力和信心,长此以往,必定错过很多成功的机会,乃至抱憾终身。所以,对一个人来说,志气绝对是必不可少的。从某种程度上说来,志气就是一个人的信念、一种百折不挠的精神力量,可以给予人

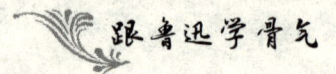

强大的动力,让一个人不断进步,并最终发生质的改变。

鲁迅在私塾读书期间,将一个"早"字刻在了课桌上,"早"字虽小,却彰显了他的志气。

三味书屋是清末绍兴城里一所著名的私塾,教书先生是寿镜吾。鲁迅12岁时到三味书屋学习,在那里度过了近五年的时光。寿镜吾先生是一位严格的老师,但因为鲁迅学习认真,成绩一直很优秀,所以即使他犯了一些小错误,先生也不会多加斥责。不过,学生们要是上课迟到或是无故旷课,寿镜吾先生还是会对他们严加训斥。

鲁迅13岁那年,他的祖父因科场案被捕入狱,父亲长期患病,家里是每况愈下。无奈之下,鲁迅担起了支撑家庭的重任,为了给父亲治病,他经常会到当铺当些东西,拿换来的钱为父亲抓药。不仅如此,他有时还要亲自寻找一些药引子,为此耽误了不少学习的时间。虽然鲁迅身上的担子很重,但是他没有放松学习,只要有空余,便抓紧时间埋头读书,因此,他的成绩一直名列前茅。

有一次深夜,做完功课的鲁迅,躺在床上睡着了,第二天一大早又忙着寻找药引子,等赶到三味书屋的时候,先生已经开始上课了。鲁迅当时心里非常不安,因为他从来没有迟到过,这是第一次。寿镜吾见自己的得意门生竟然迟到了,心里很生气,于是就将鲁迅狠狠地批评了一顿:"十几岁的学生,还睡懒觉,上课迟到。下次再迟到就别来了。"

鲁迅觉得先生的批评很在理,身为学生,就应该遵守私塾纪律,养成好的学习习惯,这样才能学到真东西。尽管他是因为给父亲寻找药引子才迟到的,但他并没有为自己作任何辩解,低着头默默地回到了自己的座位上。

第二天,鲁迅早早来到学校,在书桌的右上角用刀刻了一个"早"字,心里暗暗地激励自己:以后一定要早起,不能再迟到了。

第一章 跟鲁迅学志气——文艺救国,永不动摇

以后的日子里,父亲的病更重了,鲁迅在当铺和药店之间也来往的更频繁了。但他却再也没有迟到过。每一次看到课桌上的那个"早"字,他都会觉得开心,他想:我又一次战胜了困难,又一次实现了自己的诺言。我一定要加倍努力,做一个信守诺言的人。

鲁迅把这个"早"字刻到了课桌上,同时也刻在了自己的心里,它如一朵盛开的鲜花,又像一支红光闪亮的火炬,一直激励着鲁迅在人生的路上继续前进。

少年时代的鲁迅为了激励自己上课不迟到,在桌上刻下"早"字,并且再也没有迟到过。这就是一种志气。人活着若没有志气,没有精神劲,将会碌碌无为,一事无成。人活着要有志气,人生一世就应该活出个样子来。做个有志气的人,不一定非得出人头地,不一定非得飞黄腾达,但要活得精彩。

有志气的人不甘落后他人,有上进心,会不断要求进步。志气是勇于开拓、不断前进的内在动力,是人们坚持理想、追求作为的思想信念,是自尊心的表现和发展。

1902年,童第周出生在浙江鄞县的一个偏僻的山村里。孩童时期的童第周就已懂得勤奋努力学习。长大之后,他的哥哥们就将他送入了可供食宿的浙江省立第四师范学校读书,希望童第周能有出息,学成之后可以回家乡帮助哥哥办教育。然而,已经有一定见识的童第周心中却有着另外一个志向,那就是考上当时的名校宁波效实中学。大哥在得知童第周的想法后既高兴,又担心,因此再三劝说童第周三思。但是,童第周却坚定地告诉哥哥,自己一定能够如愿以偿。为此,童第周开始积极地备考,刻苦读书。终于,功夫不负有心人,童第周如愿以偿的考上了效实中学,成为三年级的插班生。可是这时,一个新的问题出现了,童第周的成绩是全班倒数第一。面对成绩单,童第周的内心有一丝感伤。更让他气恼的是,宿舍里竟传出了"童第周不顾学习,经常谈恋爱到深夜"的消息,这引起了关心他的同学和老师的担忧。

童第周没有为自己做任何辩解,只是暗下决心一定要争取在下一次考个好成绩。一天深夜,教数学的陈老师办完事情回到学校,发现宿舍楼前的路灯下有个瘦小的身影在晃动,走过去一看,发现是童第周正在借着路灯的灯光演算习题。

"这么晚了你怎么还不回宿舍休息呢?"陈老师不解地问道。

"陈老师,我要抓紧时间把功课赶上去,我不要倒数第一名。"陈老师被童第周深深地感动了,更为他的志气感到自豪。

期末考试,童第周各科成绩都在70分以上,其中几何还得了满分,这引起了全校的轰动。此后的童第周依旧保持着上进心,到高三期末考试,他的总成绩名列全班第一。后来,童第周在回忆自己童年的时候说:"在效实的两个'第一',对我的一生有很大影响。那件事使我知道,其实自己并不比别人笨,别人能做到的,我经过努力也一定能做到。世上没有天才,成功都是用劳动换来的。"

有志气是成才的首要条件。古人说得好:"志不立,天下无可成之事。"志气是滋生理想和抱负的土壤,是实现奋斗目标的动力。人有了志气,遇到困难的时候,就会不屈不挠、百折不回、不达目的势不罢休。而没有志气的人,则缺乏理想和抱负,生活没有追求,没有朝气,遇到困难就选择退却。

3.心中要有明确的目标与方向

　　莎士比亚说:"人生就是一部作品。谁有生活理想和实现它的计划,谁就有好的情节和结尾,谁便能写得十分精彩和引人注目。"人的一生不能没有一个明确的目标和方向。因为目标与方向主导了我们一生的命运与成就,是驱使人生不断向前迈进的原动力。若一个人心中没有明确的目标,即便埋头苦干,到头来却发现自己已经步入误区,即便想要改过,也为时已晚。

　　明确的方向,就像是茫茫大海上的灯塔,能够指引我们不断前进,让我们的心中永远充满了希望;明确的方向,就像是夜晚天空上的明星,能够照亮我们前进的路途,让我们的心中时刻充满了光明。当我们想要偷懒的时候,它可以帮助我们克服惰性,让我们继续努力。当我们遇到困难、不知所措的时候,它会燃起我们对成功的渴望,让我们鼓起勇气,继续前进。有了明确的方向,我们才能知道应该怎样度过自己的一生,同时也才能让生活变得丰富多彩起来。

　　1881年9月,鲁迅生于浙江绍兴的一个大户家庭。他的祖父周福清是进士出身,曾经做过翰林院庶吉士,父亲周伯宜曾考中秀才。在这样的家庭中,幼时的鲁迅过着无忧无虑的快乐生活。然而在鲁迅13岁的时候,不幸突然降临到了周家,祖父周福清因为贿赂乡试主考官,锒铛入狱。面对这场突如其来的变故,周家人不得不花费大量的钱财去疏通关系。几年之后,周家元气大伤,完全破落了。

　　俗话说:"福无双至,祸不单行。"祖父出事不久,鲁迅的父亲周伯宜又患上了重病。周伯宜眼看着家道破落,多年积聚下来的财产和土地被风暴卷走,心里充满了绝望。此后,本就不好的脾气变得更加坏了,甚至不

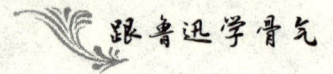

顾病痛日夜酗酒,身体最终被摧垮了。

因为当时的医疗水平比较低,因此没有一个医生能说得清楚周伯宜到底得了什么病,其显著的症状是经常吐血。周家人病急了乱投医,相信了一位庸医的民间土方,让周伯宜喝用磨研出来的墨水。据说墨是黑色,血是红色,黑色可以冲掉红色,一定能治好病。但事实上,这种土办法非但没有治好周伯宜的病,反而让他病情恶化了,水肿也渐渐地厉害了起来。周家又花钱请来了当时名医何廉臣,他见周伯宜水肿,便断定周伯宜患上了鼓胀病,于是按照"医者意也"的万应药方,开了一副"败鼓皮丸",其原料是打破的鼓皮。何廉臣认为,既然是鼓胀,那么用打破的鼓皮来做成药丸服用,一定可以治好病。此外,何廉臣还开了一副良药,说只要点在舌头上,就能见效,因为"舌头是心之灵苗"。然而,这样荒唐的医术,根本无法医治好周伯宜。

经过名医们两年的"救治",周伯宜非但没有好转,生命反而被"折腾"到了的尽头。鲁迅目睹了父亲生病去世的全过程,心里对中医有了严重的偏见。从此之后,鲁迅就立志学医,准备学有所成后"救治像我父亲似的被误的病人的疾苦,战争时候就去当军医,一面又促进了国人对于维新的信仰"。于是,从弘文学院毕业后,鲁迅报考了日本仙台医学专门学校。有了这个学医的明确目标,鲁迅开始了在日本的学医经历。

在面临人生抉择的时候,鲁迅想到了中医治疗给父亲带来的痛苦,又想到了当时的医疗水平,他觉得医学是复兴民族所需要的。鲁迅从历史书中得知,日本的明治维新的发端就是医学的进步。虽然这种说法有夸大的成分,但西医在日本的传播,确实在明治维新的思想启蒙运动中起到了一定的推动作用。当时正在寻求救国之道的他,被日本的这一历史经验吸引,他希望医学不仅可以解除受苦同胞的病痛,还可以成为民族进行社会改革的杠杆。于是,他明确了自己的人生目标与方向,就是学医。

一个人如果没有确定明确的目标和方向,没有规划良好的人生计划,

第一章 跟鲁迅学志气——文艺救国,永不动摇

那么他的生活就是没有意义的。然而在现实生活中,这样的年轻人随处可见,他们只是毫无目标地随波逐流,既没有固定的方向,也不知道前往何方,在浑浑噩噩中虚度了宝贵的光阴,荒废了美好的青春岁月。

漫无目标地飘荡,终归会迷路,只有心中有了明确的目标,找准前进的方向,人生才会因此而变得精彩。

爱因斯坦是20世纪世界公认的伟大的物理学家。他在光电效应理论、布朗运动和狭义相对论三个不同的领域中都取得了重大的突破,这些令人瞩目的成绩跟他一生具有明确的奋斗目标是分不开的。

爱因斯坦出生在德国一个贫苦的犹太人家庭,小学、中学的学习成绩一般。不过,即便如此,爱因斯坦还是决定致力于科学研究,为此,他还进行了自我分析:虽然总的成绩平平,但自己对物理和数学有兴趣,这两门学科成绩较好。自己只要在物理和数学方面确立目标,就一定能有所作为。

明确了这一方向后,爱因斯坦在选择大学时毫不犹豫地向瑞士苏黎世联邦理工学院物理学专业递交了申请书。在理工学院,爱因斯坦的个人潜能充分地发挥了出来。26岁那年,他发表了科研论文《分子尺度的新测定》,以后几年又相继发表了四篇重要科学论文,发展了普朗克的量子概念,提出了光量子除了有波的性状外,还具有粒子的特性,圆满地解释了光电效应,宣告狭义相对论的建立和人类对宇宙认识的重大变革。这是前所未有的显著成就。

爱因斯坦善于根据目标的需要进行学习,这使得他将有限的精力得到了充分的发挥。他曾说过:"我看到数学分成许多专门的领域,每个领域都能花费掉我们短暂的一生。物理学也一样,分成许多领域,其中每一个领域都能耗费一个人短暂的一生。在我研究的这个领域里,我不仅学会了识别出那种能导致深化知识的东西,而且把其他许多肤浅的东西撇开不管,把许多充塞脑袋并使其偏离主要目标的东西撇开不管。"

爱因斯坦为了阐明相对论，专门选学了非欧几何学，这种定向选学法，使得他的立论工作得以顺利进行和正确完成。如果他没有创立相对论的意向，就一定不会在那个时间学习非欧几何的。如果那时候的他无目的地涉猎各门数学知识，那么相对论也未必能这么快产生。

爱因斯坦正是十多年如一日的专心致志地攻读与自己的目标相关的书籍和研究，才能最终取得了如此巨大的成就。

目标就像射击的靶子一样，要很明显地摆在那里。如果一个人的目标含糊不清，那么这个人也一定是迷迷糊糊的。有的人决心做一番大事业，但谈到具体要干什么，却不知道了，这样的人其实就是没有明确目标的人。即使投入了大量的精力和时间，最终还是会一事无成。

人生一定要有一个明确的目标和方向。在当今竞争越来越激烈的时代，每个人都要面临众多的选择，因此明确心中的方向就非常有必要了。我们的目标不一定要多么远大，也不一定要多么微小，但一定要适合自己。因为最适合自己的目标，才能无限地激发出身体的能量，才能让我们在生活与在工作中有所收获，成为一个出色的人。

4.理想要与现实结合

美国政治家舒尔茨说："理想犹如天上的星星，我们犹如水手，虽不能到达天上，但是我们的航程可凭它指引。"胸怀理想的人，定是有明确目标与方向的人，这样的人生才是有意义的人生。然而，为何有的人最后实现了自己的理想，有的人却将理想变成了空想？原因很简单，播下理想的

第一章 跟鲁迅学志气——文艺救国,永不动摇

种子固然重要,但更不可少的是要用现实去浇灌它。"有志者,事竟成"能够激励一个人去奋斗、去拼搏,但如果志向脱离了现实,那么无论这个人再怎么努力拼搏,理想最终还是会变成泡影。

鲁迅在长期的生活实践中,曾进行过这样一番深刻的论述:"钱——高雅的说罢,就是经济,是最要紧的了。自由固不是钱所能买到的,但能够为钱而卖掉。"其实,现实生活与理想之间又何尝不是这样呢?也许你不敢相信这话是鲁迅说出来的,但若联系我们自身的实际,再品味它的话,是不是觉得有一丝道理呢?实现理想之前,人首先要学会生存,只有这个前提条件存在,人才能继续为了理想而拼搏。

李秉中是鲁迅的学生,在军队里当军官。他想要辞职不干,于是就给鲁迅写了一封信,征求鲁迅的意见。鲁迅不赞同他辞职,鼓励他继续干下去。鲁迅在回信里这样写道:"人不能不吃饭,因此不能不做事。但居今之世,事与愿违者往往而有,所以也只能做一件事算是活命之手段,倘有余暇,可研究自己所愿意之东西耳。自然,强所不欲,亦一苦事。然而饭碗一失,其苦更大。我看中国谋生,将日难一日也。所以只得混混。"

人活着要有志气,这一点无可否认,但在有志气的同时,也绝不能将理想与现实分开,一味地追求理想而不考虑现实生活的人是幼稚的,算不上是真正的有志之士。

有两个饥饿的人想要去大海边上,等他们饿得实在走不动的时候,一位智者出现了,给了他们一根鱼竿和一小筐鲜鱼,并告诉他们每人只能选择一样。其中一个人选择了鲜鱼,另外一个人就只能选择了鱼竿。选完之后,两个人就分开了。

得到鲜鱼的人就地生火烤起了鲜鱼,没一会儿就将鱼吃完了。后来,

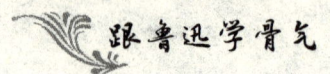

由于没有其他食物可吃,他便饿死在了那个地方。而另外一个拿着鱼竿的人忍着饥饿,慢慢地朝着海边走去,只是在他离大海还有几步路时,他耗尽了全身所有的力气,累死在了海边。

同样有两个饥饿的人行走在路上,智者还是给了他们一根鱼竿和一小筐鲜鱼。只是这两个人没有选择分开,而是决定一起去大海边上。他们每次都只吃一条鱼,经过艰难跋涉,终于来到了大海边上。

接下来,两个人开始靠鱼竿钓鱼维持生活,几年之后,他们不仅盖了新房,还有了自己的渔船,并且各自成家,有了孩子,生活可谓幸福美满。

一个人只顾眼前的利益,不为长远打算,他得到的只是短暂的欢愉,而他的人生也注定是失败的人生;一个人目标高远,但却不考虑现实生活,那么其执著的行为则是可悲可叹的。

做人不能太死脑筋。为了坚持理想而永不放弃的人是有志气的,是值得尊敬的。但若是连自己的生存都无法保障,仍然坚持着自己心中的那个崇高的理想,却是让人觉得可悲的。

5.单是说不行,要紧的是做

现实生活中,很多人都有自己的梦想,都有自己的志向,也经常将梦想、志向挂在嘴边,可是实际上他们却一直没有进步,甚至到了最后一事无成,这是为什么呢?原来,他们将时间都浪费在了空谈梦想与志向上,而没有充分且有效地利用时间脚踏实地的去做。结果只能是带着梦想与志向空活一辈子。

第一章　跟鲁迅学志气——文艺救国，永不动摇

光说不练，只会白白消耗精力，对于实现梦想没有一丝益处。一个人任凭说得天花乱坠，若不实事求是的努力，到头来绝不会有什么成就，这样的人生无疑是失败的人生。

1935年10月19日，毛泽东率领的中央红军冲破国民党军队的重重封锁，胜利到达陕北吴起镇，结束了震惊世界的二万五千里长征。鲁迅借《答托洛斯基派的信》，对毛泽东的奋斗作了明确的表态。他是这样说的："你们的'理论'确比毛泽东先生们高超得多，岂但得多，简直一是在天上，一是在地下。但高超固然是可敬佩的，无奈这高超又恰恰为日本侵略者所欢迎，则这高超仍不免要从天上掉下来，掉到地上最不干净的地方去……你们的高超的理论，将不受中国大众所欢迎。"至于"那切切实实，足踏在地上，为着现在中国人的生存而流血奋斗者，我得引为同志，是自以为光荣的"。

这段信的内容揭示出了理论与实际行动之间的差别。真理脱离了实践都不能称之为真理，何况这种表面堂皇的理论呢？其实，人的梦想与志向又何尝不是如此呢？

张先生是一家大型家具制造厂的员工，从大学毕业开始算起，到现在已经有十多年了。这十多年的时间将他从一个毛头小伙子变成了一个成熟的资深员工，如今还当上了部门的主管。张先生是一个颇有志向的人，不甘于一直做一个部门的小主管，他想做上部门经理的位置。可是很多人都在觊觎这个位置，甚至为此明争暗斗。虽然有几次这个位置空缺过，但是每次都被别人捷足先登了。

张先生见升职无望，就想自己创业，做一番大事。他考虑过很多创业项目：开工厂、开网吧、做餐饮、开酒吧……但他习惯把简单的事情复杂

化，因此这些想法都成为了复杂、庞大的创业计划，真要实施起来，又不知道该从何下手。就这样，每一次张先生有了一个想法，这个想法都只是从他的脑海中轻轻飘过，然后烟消云散。很多年过去了，张先生还再想，可还是一直没有将这些想法化为实际行动。

想来想去，张先生觉得创业风险大，不如在公司上班收入稳定，还是留在公司好，但是公司的薪水又不如他意，于是他又萌生了跳槽的想法。每一天，他都把"跳槽"挂在嘴上，一边兴高采烈地谈论跳槽后能有多么高的职位、多么诱人的薪水，同时又发着牢骚。奇怪的是，发完了牢骚，张先生还是没有跳槽，没有采取任何实际行动。就这样，又十多年过去了，张先生还只是一个部门主管。

有的人信誓旦旦地想要有一番大作为，今天想要成为商业人士，明天想要成为旅行家，后天又想成为公务员……种种梦想都非常吸引人。然而实际上，他们口号喊得响亮，却没有付出一丝行动，结果所有的梦想都是三分钟热度，他们都成了"梦想的巨人，行动的矮子"。

鲁迅说："希望是本无所谓有，无所谓无的。这正如地上的路，其实地上本没有路，走的人多了，也便成了路。"意思是说，人有了梦想，还应该要靠行动去实现。事在人为，只要你努力去奋斗拼搏了，梦想早晚会有实现的一天。

有这样一个人，中专毕业后，去了深圳打工。在短短几个月的时间里，他靠着个人的勤奋和超强能力，当上了某个公司的管理人员，每个月能拿几千元的薪水，过着足以让常人羡慕的生活。可是17岁的他，并没有感到满足，因为他的大学梦还没有实现。为了实现梦想，他果断放弃了优越的工作条件，回到家乡补习备考。然而，没有读过高中的他不被任何一所中学看好，所有的人也都认为他肯定考不上大学，哪个学校要是收了他，

第一章 跟鲁迅学志气——文艺救国，永不动摇

学校的升学率肯定会受到影响。幸运的是，终于有一所中学愿意接纳他。在第一次月考中，他考了全班倒数第二，但是他没有气馁，依旧继续刻苦学习。在第二次月考中，出乎大家意料的是，他竟然考到了全班第一。第三次月考，他考到了全市第一。那一年的高考，他被清华录取，是当地15年来的第一个清华大学生。

大学毕业后，他进了一家报社做财经记者。由于他勤奋好学、能力突出，不久之后就成了一名非常出色的记者。有一天，他注意到了一位三十多岁、埋头苦干的同事，每天做着跟自己同样的工作，可是业绩却并不出色。他突然想到，十年之后的自己会不会也成这个样子？这跟自己的想象差距太大了。想到这里，他决定自己创业，经过几个月的精心准备，他将自己的创意写成了商业计划书。然而只有创意没有资金，是行不通的，于是他开始四处寻找风险投资商。

有一天，他听说雅虎创始人杨致远要来。得知这个好消息，他兴奋得一夜没睡好。第二天，他凭着自己记者的身份很容易就进入了会场，但是却一直没有找到跟杨致远单独交谈的机会。直到散会后，看到杨致远进了电梯，于是他一个箭步冲进了电梯，并按下了电梯按钮。这一下子让杨致远猝不及防，略带狐疑地看着他。电梯门关上后，他拿出了商业计划书，杨致远才恍然大悟，接过计划书看了看，然后给了他一张名片，并对他说："我回头看看再答复你。"可是，几个月过去了，他一直没有收到答复。

不过，他追寻梦想的脚步并没有因此停止。有一次参加科博会，记者们都争着向那些海归名流提问，将一位没有什么名气的民营企业家置于不顾。民营企业家一言不发地干坐着，样子颇为尴尬。他觉得应该帮帮人家，于是接连向那个企业家提了几个问题，替他解了围。散会后，企业家心怀感激，主动找他聊天。

谈话时，他对这位民营企业家说起了自己的创业梦想，企业家看了看他的计划书说："你的创意非常好，就冲你这个人，我给你投一千万！"他

听了之后非常兴奋。然而一千万不是一个小数目,还得通过董事会讨论。几天后的董事会上,企业家请来了大批专家论证。会议结束后,企业家告诉他:"我们都认为你这个人不错,但是很遗憾,董事会经过慎重考虑,认为你这个项目风险太大。"

他听了这话就接着说:"我做了充分准备,对这个项目很有信心……"他不想让机会从眼前溜走,试图做最后的努力,可是董事会的决定不可能为他而改变。然而,在回去的路上,幸运终于降临,他接到了企业家打来的电话:"我决定给你100万——你这个项目风险确实太大,但是你这个人没有风险!"

第二天,他收到了那名企业家的风险投资,从此,他的梦想插上了翅膀,开始准备起飞了。那名企业家就是远东集团的董事长蒋锡培,他没有看错人,那个年轻人的确没有风险。这个年轻人就是高燃,如今身价过亿,他因为创立了MySee直播网,一时间名声大噪。在普通人看来,高燃的成功非常具有传奇色彩,但是高燃说:"如果我能最终成功,肯定是因为我有一个大胆的梦想,哪怕明知'不可为',我也会用全部的精力去追求,至少不能给人生留下遗憾。"

我们的信念是否起作用,关键在于我们是否采取了行动。如果我们不动手去做的话,那么再深刻的哲理对我们都不会起作用,我们的生活将处处充满了虚伪,不再真实。

鲁迅说:"现在的青年最要紧的是'行',不是'言'。"对于有梦想的人来说,具体的实际行动是必不可少的,敢闯实干才会有出路,否则梦想就是幻想,就是空谈。有了梦想,就要付出实际行动,哪怕没有实现,也不要让自己后悔。不要做山间的芦笋,也不要学习那些空谈阔论的"理论家",要向鲁迅先生所说的那样,做一名能够切切实实,脚踏实地做事的人。这样的人才是真正值得尊重与学习的人。

6. 不怕人穷,就怕没志气

人穷并不可耻,可耻的是穷得没有了志气。穷人虽然不能像富人那样用各种方式为自己贴金,以赢得大家的赞美与尊敬,但是能够留住自己尊严的,还有一身志气。孟德斯鸠说:"一个人穷并非因为他一无所有,而是因为他不愿工作,或者不能工作。有能力,并且乐于工作的人要比拥有1000克朗却无所事事的人更富有。再没有比贫穷更能令人变得智慧而通达了,要知道,无数伟人圣者在人生的最初阶段都是穷人。贫穷,能够净化人心,并提升人的道德境界。"

鲁迅就是在自己最贫穷的时候,立下了改良人生的志向,最终成为了一个受他人尊敬的人。

1935年8月24日,鲁迅在写给萧军的信里说:"我看用我去比外国的谁,是很难的,因为彼此的环境先不相同。契诃夫想发财,是那时俄国的资本主义已发展了,而这时候,我正在封建社会里做少爷。看不起钱,也是那时的所谓'读书人家子弟'的通性。我的祖父是做官的,到父亲才穷下来,所以我其实是'破落户子弟',不过我很感谢我父亲的穷下来(他不会赚钱),使我因此明白了许多事情。因为我自己是这样的出身,明白底细,所以别的破落户子弟的装腔作势,和暴发户子弟之自鸣风雅,给我一解剖,他们便弄得一败涂地,我好像一个'战士'了。就我自己说,我大约也还是一个破落户,不过思想较新,也时常想到别人和将来,因此也比较的不十分自私自利而已。"

到了晚年,鲁迅回忆说,他其实"很感谢"他父亲的"穷下来"。他在《呐喊·自序》里说道:"有谁从小康人家而坠入困顿的么,我以为在这途路中,大概可以看见世人的真面目。""我从一倍高的柜台外送上衣服或首饰去,在侮蔑里接了钱,再到一样高的柜台上给我久病的父亲去买药。"

跟鲁迅学骨气

谁愿意"穷下来"呢？谁愿意因为"穷下来"而遭受白眼和冷遇呢？但少年的鲁迅就亲自经历了这些。虽然受到很多人明里暗地的歧视和奚落，但是他却从来不跟妈妈说一句。因为这是他的骨气。

志气是穷人的精神支柱，也是穷人奋发向上的动力。如果一个人本就一穷二白，又为了钱财而出卖人格，为了巴结有钱人而奴颜婢膝，那他将真的一无所有。这样的人的一生是悲哀的，因为他不但会被有钱人看不起，也会被穷人所唾弃。

在一座城市中，有一位富人每天下班回家时，都会遇到一个在路边乞讨的乞丐。最初的时候，这个富人根本就不理这个乞丐，朋友说他为富不仁，多少应该给乞丐一点儿。富人说："我不给他钱，恰恰是对他好。如果他轻易地能讨到东西，就更不想去致富，因为他还能靠乞讨混口饭吃。富人是怎样炼成的，你知道吗？那是被逼出来的！"

朋友们并不同意他的看法，说他站着说话不腰疼，穷人没有本钱，有了本钱自然会去谋生。富人说："如果你们不信，咱们打个赌，明天可以去试一试。"

第二天，富人和朋友来到乞丐的面前，送给他三张百元大钞，说："我最初是靠300元钱做小生意起家的，现在同样给你300元，你去做点事情吧，以后不要再以乞讨为生了。"

乞丐欣喜若狂，满口答应，接了300元后就离开了。在此后半个月的时间里，路边再也没有出现过乞丐的身影，朋友以为自己赢了。可是没多久，那名乞丐又回来了。因为他的钱花光了，还是站在原来的位置进行乞讨。此后，富人每次路过，再也没有理会这个乞丐了。

人穷不可怕，怕的是人穷志短，怕的是不争气，怕的是失去奋斗的勇

第一章 跟鲁迅学志气——文艺救国，永不动摇

气,自甘平庸,那可真是一辈子都是受穷的命了。自己为自己做主,自己掌握自己的命运,俗话说:"靠人不如靠自己。"最能依靠的人只能是你自己。贫穷并不可耻,关键在于我们用什么样的态度对待贫穷,人穷志不穷,人穷骨气在。现实生活中,有些穷人确实是不争气的,他们不是物质上的贫困,而是精神上的贫乏。如果一个人坚信自己是穷人,并且脑海中长久地坚持这种想法,那么这个人注定只能在穷困中苦苦挣扎。要知道,思想的贫困、精神的贫困才是最可怕的。

贫穷不是荣耀,但贫穷也不是一种耻辱。贫穷是一种力量,能够激发出人身上非凡的能量,凸显人格。

战国时期,由于连年的战争,再加上适逢大旱,老百姓的生活过得很是艰难。老百姓吃完了树叶吃树皮,吃完了草苗吃草根,最后连草根都没得吃,只能被活活饿死。而那些富人们家里的粮食却多得吃不完。

当时,有一个叫黔敖的富人,看到穷人们快饿死了,非但没有同情心,反而幸灾乐祸。他准备好了一些窝窝头,摆放在路边,每当有饥民路过,便丢一个窝窝头,还说着:"叫花子,给你吃吧!"有时候,过来一群饥民,他还是只丢出一个窝头。看着饥民们争抢窝头,他感到非常开心。此时,又走来了一个饥民,他面黄肌瘦,摇摇晃晃地迈着步子,好像随时都有可能跌倒。黔敖看见这个饥民,便拿了两个窝窝头,对他吆喝道:"喂,过来吃!"饥民没有理会他。黔傲又叫道:"你听到没有啊?这是给你吃的!"只见那饥民对黔敖说:"收起你的东西吧,我宁愿饿死也不吃这样的食物!"

黔敖万万没料到,这个饥民竟然这么有骨气,顿时满面羞惭,一时说不出话来。本来,帮助别人就不应该以救世主自居,而是要有一颗真诚的心去对待需要帮助的人。因为善意的帮助是可以接受的;但是,面对"嗟来之食",那位有骨气的饥民表现出来的精神,是值得我们学习的。

人穷困到极点的时候,并不是一无所有的,此时最珍贵的是你的尊严,是你的价值。所以,有骨气的人绝不会因为一点点财物就任人践踏自己的尊严、人格。

纵观古今中外之士,大多身受贫穷、孤独等百般折磨。汉高祖刘邦亭长出身,家人皆恶其无能而不与其交,他靠自己独自打拼而称王天下;范仲淹虽然生活艰苦,却不能磨灭他的斗志,一心读书,努力学习,终于功成名就;成吉思汗父母被杀,只身流落在外,却建立了一番帝业;诺贝尔由于家贫不能上学,但他自学中小学课程,为以后科学研究打下了坚实基础……

贫穷是一笔财富,能让你成为自己命运的主人,成为生活中的强者,赢得别人的尊重。

7.与其怨天尤人,不如改变自己

在现实生活中,每一个人都会遇到诸多的挫折和困难,然而大多数人抱着的是少付出、多获得的心理,一旦这种心理得不到满足,便开始抱怨命运,抱怨他人,甚至抱怨社会。抱怨之所以不可取在于它对我们没有丝毫帮助,一味地抱怨只会让他人觉得你没有志气,没有上进心,只会怨天尤人。与其不停地抱怨,不如把力气用在实际行动上。我们只有把怨气化为志气,努力改变自己,提升自己的能力,才能得到他人的欣赏与敬重。我们要避免成为祥林嫂式的悲剧人物。

祥林嫂是鲁迅小说《祝福》中的人物,自从她失去了她的孩子阿毛之

第一章 跟鲁迅学志气——文艺救国，永不动摇

后，她的生命仿佛就失去了意义，只剩下了无休止的自我抱怨，最后也只能带着抱怨和悔恨离开人世。

《祝福》节选：镇上的人们也仍然叫她祥林嫂，但音调和先前很不同；也还和她讲话，但笑容却冷冷的了。她全不理会那些事，只是直着眼睛，和大家讲她自己日夜不忘的故事："我真傻，真的，"她说，"我单知道雪天时野兽在深山里没有食吃，会到村里来；我不知道春天也会有。我一大早起来就开了门，拿小篮盛了一篮豆，叫我们的阿毛坐在门槛上剥豆去。他是很听话的孩子，我的话句句听；他就出去了。我就在屋后劈柴，淘米，米下了锅，打算蒸豆。我叫，'阿毛！'没有应。出去一看，只见豆撒得满地，没有我们的阿毛了。各处去一问，果然没有。我急了，央人去寻去。直到下半天，几个人寻到山坳里，看见刺柴上挂着一只他的小鞋。大家都说，完了，怕是遭了狼了；再进去；果然，他躺在草窠里，肚里的五脏已经都给吃空了，可怜他手里还紧紧的捏着那只小篮呢。……"她于是淌下眼泪来，声音也呜咽了。

这故事倒颇有效，男人听到这里，往往敛起笑容，没趣的走了开去；女人们却不独宽恕了她似的，脸上立刻改换了鄙薄的神气，还要陪出许多眼泪来。有些老女人没有在街头听到她的话，便特意寻来，要听她这一段悲惨的故事。直到她说到呜咽，她们也就一齐流下那停在眼角上的眼泪，叹息一番，一面满足的去了，一面还纷纷的评论着。

她就只是反复的向人说她悲惨的故事，常常引住了三五个人来听她。但不久，大家也都听得纯熟了，便是最慈悲的念佛的老太太们，眼里也再不见有一点泪的痕迹。后来全镇的人们几乎都能背诵她的话，一听到就烦厌得头痛。

"我真傻，真的，"她开首说。

"是的，你是单知道雪天野兽在深山里没有食吃，才会到村里来的。"他们立即打断她的话，走开去了。……

跟鲁迅学骨气

由于祥林嫂的抱怨，人们由最初的同情变成了麻木，最后变成了厌烦。她除了得到人们的叹息声之外，其他的什么也得不到。我们在为祥林嫂感到悲哀的同时，是不是也该反思一下自己，避免重蹈她的覆辙呢？

生活中，与所有人一样，我们有智慧，有抱负，也有决心。唯一的也是本质不同的是，成功者没有抱怨，他们知道自己的劣势与不足，所以他们能够有效而且努力地改正自己的缺点，弥补自己的不足，而人生的新貌也正是他们努力的结果。但失败者却在抱怨中坠入失败的轮回。假如有一天你身处逆境、危难重重，请不要抱怨。在面对不幸与潦倒时，你应该学会勇敢和坚强，发现自己的缺点与不足，并努力改正和弥补。因为机遇总是偏爱那些有准备的人。

我们无法选择自己的命运，也无法操纵自己的生存环境，但这都不能成为我们无休止地抱怨，丢了自己志气的理由。我们唯一要做的，是在自我改造中唤起内心的志气。只有这样，我们才能够胜利，才能成为不被他人小瞧的人。哲学家威廉·哈达威说："要乐于承认事情就是这样的，能够接受发生的事实，就能克服随之而来的任何不幸！"

肯德基创始人哈莱德·桑德斯，自幼丧父，全家人靠着母亲微薄的收入维持生活。年幼的桑德斯还要照顾3岁的弟弟以及尚在襁褓中的妹妹。10岁那年，为了替母亲分担一些压力，桑德斯到一处农场工作，每个月能赚取两美元。此后，他还做过很多工作：卖车票、轮胎、保险，驾驶过蒸汽船……

1930年，桑德斯全家搬到了肯塔基州的克本镇，开了一个加油站。但当时美国正处于经济危机的大萧条之中，加油站生意惨淡，全家人只能靠吃燕麦度日。有一次，一位前来加油的卡车司机抱怨周围没有合适的地方用餐。桑德斯顿时觉得自己的机会来了，他用一种能加快鸡块烹煮

第一章 跟鲁迅学志气——文艺救国，永不动摇

时间的压力锅，以最短的时间生产最大量的炸鸡，已满足大家的需要。大家品尝后都觉得味道不错。赞誉传出后，桑德斯又扩建了自己的餐厅。1935年，他被肯塔基州州长授衔上校的名誉称号。

第二次世界大战结束后，桑德斯的餐厅重新开张了，但是一条横跨科尔宾的州际公路粉碎了他东山再起的美梦。旅客都使用州际公路了，根本不会经过他的餐厅，因此他的生意一落千丈，桑德斯不得不拍卖掉所有财产来偿还债务。

当时已60多岁的他带着一张炸鸡秘方和一个压力锅，驾着老爷车穿州过省从头干起。他逐间餐厅兜售自己的配方。就这样，他放下自尊，顶着失败的创伤，拖着年迈的身体，每天重复地跟餐厅说着一样的话。最终，第一间被授权经营的肯德基餐厅在盐湖城开业了。到1964年，经桑德斯游说成功的特许经营店已达600间。

1980年6月，桑德斯被诊断出患有癌症，但这并没有摧毁他的精神，他说："人们常抱怨天气不好，实际上并不是天气不好，而是不同的好天气罢了。"

桑德斯不管是在面对事业的挫折，还是在面对死亡的威胁，都没有怨天尤人，而是在逆境中百折不挠，最终让肯德基名扬全球。

生活中，人们常遇到的事有两种，即可以改变的事和不能改变的事。面对可以改变的事，我们一般能坦然面对，而在面对不能改变的事，我们却习惯了抱怨。但是抱怨不仅解决不了问题，还有可能会让我们失去近在咫尺的机会，抱怨是一种无能的表现，是失败者用来自我安慰，自我麻痹的手段。它只会限制我们的思想，冻结我们的行动，除此之外，毫无益处。所以当我们想要抱怨的时候，想要唉声叹气的时候，想要指责命运不公的时候，我们就要给自己提个醒，果断地抛弃它，脚踏实地的去想办法。只有将抱怨化成为志气，才终将能得到一个好的结果。

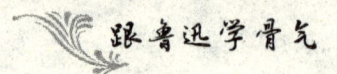

8. 不为一时怒,但争一口气

面对别人的嘲讽,是隐忍、抱怨、消沉、报复,还是立志做出一番事业来让羞辱自己的人看一看?毋庸置疑,后者才是最佳选择。因为不管是抱怨还是生气,都解决不了任何问题,只有自己争气,做出一番事业来改变现状,才是最明智的做法。

在现实生活中,每个人都可能会遭遇到别人的嘲弄。这些嘲弄可能是有意,也可能是无心,但结果都一样,它让我们感到不快。面对这种不快,不同的人常常会有不同的反应:有些人可能会因此而生气怨恨,意志消沉;而有些人则可能在那一刻立志改变现状,争口气给嘲笑自己的人看看。

鲁迅在日本留学期间,经常被日本学生嘲弄。有一天,鲁迅同级的学生会干事来到他的宿舍,说是要借他的笔记看一看。鲁迅将他的笔记拿出来交给了那位学生会干事。谁知,学生会干事只是翻了一下鲁迅的笔记,并没有带走,还立即还给了他。

就在那位学生会干事走后没多长时间,鲁迅收到了一位邮差送过来的信,打开一看,第一句话就是:"你改悔罢!"这句话对于日本学生来说并不陌生。这是基督教的圣经《新约》上的教训,而当时列夫·托尔斯泰反对日俄战争,便把这句话分别写在给日本天皇和俄国沙皇的信中,此事曾在日本轰动一时。列夫·托尔斯泰在信中教训了日本天皇,使得日本主战者非常不满。现在,鲁迅收到的信中,竟不知不觉地用上托尔斯泰的语言。紧接着"改悔"的警告之后,就是毁谤,说鲁迅上学年解剖学的试题,藤野先生在鲁迅的笔记本上都打了记号,所以鲁迅才能取得不错的成绩。

第一章 跟鲁迅学志气——文艺救国,永不动摇

鲁迅读完了这封信,心里非常气愤。他突然想到了前几天的一件事情,也是针对他的。那一天,学校要开全级学生会议,学生干事在黑板上写通知,最后一句是"请全数到会勿漏为要",而且在"漏"字下边特别加了一个表示着重意思的圆点。鲁迅当时只觉得好笑,不明白它原来也是在影射自己和藤野先生。现在他才明白,那个"漏"字,是暗示藤野先生给自己泄露了试题。

鲁迅越想心里越不是滋味。他的考试成绩除了伦理学在80分以上之外,其余的大部分是60多分,均属丙等,而藤野先生所教的解剖学,仅仅得到59.5分,属于丁等。这样低的成绩,怎么可能是藤野先生提前泄露了试题给自己呢!

这样的成绩,竟被认为是不可思议的,是用不正当的手段取得的。对此,鲁迅感受到了一股难以忍受的侮辱。因为,这不仅是对他个人的侮辱,也是对自己的民族、自己祖国的侮辱。在那些日本人看来,我们的民族竟那样低能,那样愚蠢,没有出息,连得个59分都被看成是一种难以置信的奇迹。此时的鲁迅内心再也无法平静了,他越想越感到悲哀。不管是个人还是民族,如果连起码的尊严都没有,还会有什么希望和未来呢?想到了这里,鲁迅更加笃定了自己拯救国民思想的信念。

我们允许别人在自己能够承受的前提下忍让,这是一种美德,但绝不可以任人践踏我们的尊严。当一个人的尊严受到了侵犯时,也许他仍旧沉寂无声,可一旦爆发,那种力量便无法估量,使人惊骇不已。

徐悲鸿是我国杰出的画家,他同时也是一个非常要强的人。1919年-1927年,徐悲鸿在欧洲留学。由于当时中国在世界上没有地位,中国留学生也因此常常受到别人的歧视。有一次,许多留学生在一起聚会,一个外国洋学生站起来,恶毒地说:"中国人又蠢又笨,只配当亡国奴,就是把他

们送到天堂里去深造,也成不了才!"坐在一旁的徐悲鸿被激怒了,他走到这个洋学生面前,大声地说:"先生,你不是说中国不行吗?那好,我代表我的祖国,你代表你的国家,我们来比一比,等到学业结束时,看看谁是人才,谁是蠢材!"

从此,徐悲鸿学习更勤奋了。他到巴黎各大博物馆去临摹世界名画,常常是一块面包一壶水,一去就是一整天,不到闭馆时间不出来。法国画家达仰非常喜爱徐悲鸿,他从这个中国青年身上,看到了中国人坚强的毅力和对未来的信心。他主动邀请徐悲鸿到他家画室里画画,并亲自辅导。终于,"有志者,事竟成"。徐悲鸿进入巴黎高等美术学校后,在几次竞赛和考试中均获得了第一名。

1924年,他的油画在巴黎展出时更是轰动了整个巴黎美术界。这时,就连那个洋学生也不得不承认自己不是中国人的对手。

愚蠢的人遭受了别人的嘲弄,被人瞧不起,只会气急败坏,怨气不断;而聪明的人却急切地希望从那些责备他们、反对他们、阻碍他们的人那里学到更多的经验教训。所以,当你发怒或失意时,学会克制自己的冲动,努力控制自己的情绪,坚持下去,你就可以让自己的心态在良性的循环中健康发展。

生活不以我们的意志为转移,我们能改变的只有我们自己。"争气"是一股很强的动力,它可以支撑人们扫平一个又一个障碍,度过一个又一个难关,它能将积极进取变成一种习惯,并将这种习惯转化成为了远大的理想和报复而拼搏的精神。所以,在面对别人的嘲讽时,要化怨气为志气,为自己争一口气。

9.志存高远,也要从小事做起

小事是构成大事的必要条件,大事是小事积累的必然结果,没有小就难成其大。很多人不屑于从小事做起,是因为他们根本没有意识到小事的真正意义,脑子里的想法总是脱离实际。其实,每一件小事都是不简单的,都需要学问和技巧,都可以锻炼人、提高人,都大有用武之地,也都有着无限光明的前途。只要我们用心去做,哪怕只做一件小事,最后也能成就一番大业。

鲁迅先生曾经说过:"巨大的建筑,总是由一木一石叠起来的,我们何妨做做这一木一石呢?我时常做些零碎事,就是为此。"鲁迅为了新文化事业,宁愿去做一木一石的工作。

1929年6月,鲁迅和郁达夫在上海共同编辑文学月刊《奔流》。这个刊物的目的是为了扶植新生文艺工作,但是这个工作说起来容易,做起来却不是那么容易。刊物每个月出一期,从编辑、校对、翻译、挑选插图,到跑印刷所、与投稿者联系、索取稿费等事项,全部都是由鲁迅一个人完成的。为了方便读者了解刊物的内容,鲁迅在每一期的后面都要写一篇《编校后记》。校对工作是最为繁琐的一道程序,为了校对稿件,鲁迅经常工作到深夜。刊物是在夏天发行的,这个季节的上海天气炎热,晚上蚊子又多,但是鲁迅仍然坚持一页一页地认真校对。工作虽然沉重,但是鲁迅还是一丝不苟地完成了每一个工作程序。

无论何时都要记住,不要轻视看似卑微细小的东西。伟人们常常对小事或平凡处非常重视,因为他们清楚,无论什么惊天动地的创举,都是由很小的事情开始的。一些看似无谓的选择,可能就是奠定我们一生重大

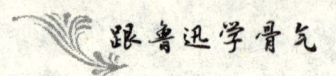

抉择的基础。

现实生活中，有些人总是胸怀大志，高谈阔论自己的志向，对小事不屑一顾、嗤之以鼻，所以他们永远也不能做成一件有意义的事。东汉的陈蕃就是一个典型。

陈蕃，字仲举，汝南平舆人，他祖上是河东太守。陈蕃15岁的时候，喜欢自己独处一室，渴望有一天能做出一番大事业。有此大志当然是一件好事，可陈蕃认为只有读书才是一个青少年应该做的事情，于是对其他的所谓的小事情一律不管不问。

有一天，陈蕃的父亲的朋友薛勤前来拜访，看到庭院以及屋舍十分杂乱，便问他："你为什么不将庭院打扫一番来接待客人啊？"

陈蕃回答说："大丈夫处世，应当以治国平天下为首要，区区一间房子有什么好打扫的呢？"

其实，细心观察的话，会发现在我们的周围有很多像陈蕃这样的人。他们空有一番大志向，不愿从小事做起，结果大事也成为了空想。

海尔总裁张瑞敏说："什么是不简单，把每一件简单的事情做好就是不简单，什么是不平凡，把每一件平凡的事情做好就是不平凡。"古语有云："不积跬步，无以至千里；不积小流，无以成江海。"成功没有捷径可言，只能脚踏实地，一步一步地前进。再精巧的木匠也造不出没有根基的空中楼阁，任何伟大的事业都是由无数具体的、微小的、平凡的工作积累的，不愿意做小事的人，很难成就大事业。只有做好每一件小事，才会取得比别人更丰厚的成绩，才能做好大事，承担起更大的责任。

日本东京贸易公司有一位专门为客户订票的助理，她经常为德国一家公司的商务经理预订往来于东京和大阪之间的火车票。有一次，这位

第一章 跟鲁迅学志气——文艺救国,永不动摇

细心的德国经理发现了一件看似巧合的事情,每次去大阪时,他的座位总是在列车右边的窗口,而返回东京时又总是靠左边的窗口。他对此非常不解。

有一回,这位德国经理找到了那位订票的助理,问她为什么会出现那样的状况。助理告诉他说:"火车去大阪时,富士山在您的右边;火车返回东京时,它则在您的左边。我想,外国人都喜欢日本富士山的景色,所以每次我都替你买了不同位置的车票。"

这位德国经理听了助理的解释后,深受感动,立即决定把与这家公司的贸易额由原来的400万马克提高到了1000万马克。后来,那位助理也被公司提升为票务部的经理。

在生活中,每个人都盼望机遇能够降临到自己头上,总是希望通过机会让自己得到成长和发展,最终实现心中美好的愿望。殊不知,机遇往往就隐藏在那些不起眼的小事当中,机遇并不等同于收益,更多时候是一种考验。对于那些虽然渴求机会来临,但实际上并不注重做小事的人来说,机遇只会与他们擦肩而过,并把他们的弱点更充分地暴露出来。只有那些注重小事的人,才能从中发现机会,主动把握机会,一步一步实现自己的豪情壮志。

对于不能认识做小事的重要性的人来说,小事无疑是毫无价值的;而对于不愿做小事而等着做大事的人来说,大事更不会降临的。生活中处处有小事,而大事却不多,将生活中的每件小事做成精品,就是成就大事的基础,攀登高峰的台阶。

进步是靠一点一滴的不断努力得来的,就像"罗马不是一天造成的"一样。你若想登上山顶,就要一步一步向上爬;你要想造一间房屋,就要一砖一瓦不停堆砌;足球比赛的胜利,也是由一次一次的得分累积而成的。所以,每一个重大的成就背后,是一堆堆默默无闻的小事累积

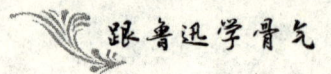

而成的。

"合抱之木,生于毫末;九层之台,起于累土;千里之行,始于足下。"小事,谁都会做,可并不是谁都愿意去做,只有真正意识到小事重要性的人,才能显示出自己的胸怀大志和与众不同。

10.勤奋刻苦铺就成功之路

美国伟大的政治家亚历山大·汉密尔顿曾经说过:"有时候,人们觉得我的成功是因为自己的天赋,但据我所知,所谓的天赋不过就是努力工作而已。"一个人能否有所成就,不在于他的天赋如何,背景怎样,理想是否远大,关键还是他是否有一颗勤奋向上的心。人生就像是登山,只有坚持不懈,才能到达峰顶,领略"一览众山小"的成功。勤奋刻苦是一个人的优秀品格之一,是学习和事业成功的基本手段,是实现理想必不可少的素质。

为何要勤奋刻苦?因为人无论学什么、做什么,若不刻苦就学不到、做不好,就难以取得最大、最好的成果。反过来说,若能刻苦学习,结果则是另外一番景象。鲁迅勤奋刻苦读书的事迹,值得每个人学习。

1895年5月,鲁迅带着母亲拼凑的8块银元,只身一人,背井离乡到南京读新学。他最初是在江南水师学堂学习,一段时间后,鲁迅觉得在这里学不到新的知识,便又去了江南矿路学堂。

江南矿路学堂是一座依照德国的模式建立起来的学堂,开设有德语、数学、物理、化学、地质学和矿物学等多门学科。

《地学浅释》等有关地质和矿物学的、课堂上要学习的书,都是由江南

第一章 跟鲁迅学志气——文艺救国,永不动摇

制造局翻译馆翻译过来的。老师把内容写在黑板上,学生们一个字一个字地抄写笔记。鲁迅对这门新学科兴趣很大,因此他上课专心致志,笔记也抄得又快又好,学习非常努力。

鲁迅从家乡来到繁华的南京,没有被大城市纸醉金迷的生活所诱惑,而是每天埋头勤奋读书。老师在课堂上讲的内容并不多,因此鲁迅利用课外时间,看了很多书。他知道了达尔文的进化论,严复的《天演论》,并被书中的观点所深深吸引。

学堂里还设立了一个阅报处,有《时务报》《译学汇编》等报刊,内容都是当时最前沿的科学及文化知识。勤奋读书的鲁迅经常到这个地方阅览报刊,了解最新知识。

鲁迅阅读了大量的课外书籍,但他并没有拉下自己的功课。每次考试,他的成绩总是最好的。按照当时学校的规定,凡是考试成绩优秀的,就发一枚三等奖章;只要积累了四枚三等奖章,就可以换一枚二等奖章;积了四枚二等奖章,可以换一枚特等奖章。鲁迅所在的班级里,只有他一个人得到过金质奖章。他拿到奖章后,立即拿到南京鼓楼街头卖掉,然后买了几本书。鲁迅的母亲知道此事后,抱怨道:"好不容易得了个金牌,你该留下来,哪怕是纪念也好。"鲁迅答道:"金牌保存起来,它永远只是一块金牌,弄不好,还会增加人的虚荣心。而从书里,却可以得到知识。"

鲁迅还曾买过红辣椒。每当寒冷的晚上,他夜读难耐时,便摘下一颗辣椒,放在嘴里嚼,直辣得自己额头冒汗。他就是用这种办法驱寒坚持读书。就是这无数个夜晚的苦读,为他后来成为我国著名的文学家,打下了深厚的基础。

按中国的传统,像鲁迅这样出身的人,自然应该走科举之路,做大官。鲁迅也曾为此尝试过。但自从家里出现了变故之后,他便看透了人间的世态炎凉，对整个社会有一种模糊的反感，所以他放弃了科举考试，选择了读新学。再加上求学时的种种经历，让他更加体会到这个国家灾难的根源所在。为了能让更多的人更早的清醒，他能做的就只有勤奋读书了。

鲁迅说："伟大的事业同辛勤的劳动是成正比例的，有一份劳动就有一份收获，日积月累，从小到多，奇迹就会出现。"勤奋刻苦，并不是口头上说说就可以做到的。一个人首先要对自己所学的知识或所从事的事业有深刻认识、浓厚兴趣和明确目标，才能有勤奋刻苦的精神，才能用坚忍不拔的毅力和一生的心血去为了理想而奋斗。

范仲淹自小丧父，母亲谢氏改嫁到朱家，为他改名朱说，在朱家长大成人。范仲淹从小读书十分刻苦，虽说朱家经济条件不错，但他为了励志，经常到长白山上的醴泉寺寄宿读书。他每天从早读到晚，丝毫也不松懈。寺庙里的生活非常艰苦，范仲淹每天只煮一锅稠粥，等粥凉了以后划成四块，早晚各取两块，就着几根腌菜吃。吃完了之后又继续读书。他毫不在乎这种清苦的生活，将全部精力放在了读书上。

大约3年过去了，范仲淹辞别母亲，离开长山，徒步求学去了。真宗大中祥符四年，23岁的范仲淹来到睢阳应天府书院学习。这座学院是宋代著名的四大书院之一，聚集了许多志操才智俱佳的师生，还有大量的书籍可供阅览，并且免费就学。

范仲淹对于能到这样良好的学习环境格外珍惜，日夜不停息地苦读。范仲淹的一个同学是南京留守的儿子，见到范仲淹天天吃粥，便送给了他一些美食。谁知美食发霉了，范仲淹也没有吃一口。同学责怪范仲淹为什么不吃，范仲淹说："我已安于过喝粥的生活，一旦享受美餐，日后怕吃不得苦。"范仲淹清苦的生活，跟孔子的得意弟子颜回有类似之处，在清贫中不改其志。

第一章 跟鲁迅学志气——文艺救国,永不动摇

就这样,别人在看花赏月,范仲淹却在苦读经书。几年之后,范仲淹已经精通儒家众多经典,如《诗经》、《尚书》、《易经》、《礼记》、《乐经》、《春秋》等。

真宗大中祥符七年,宋真宗率领百官到亳州去朝拜太清宫。车队路过南京的时候,整个南京城都轰动了,人们都争先恐后地一睹龙颜,唯独范仲淹闭门不出,依旧在苦读。同学劝说他:"快去看看吧,这是一个不可多得的好机会,不要错过啊。"范仲淹随口说了句"将来再见也不晚",说完便头也不抬地继续读书了。

果然,第二年,范仲淹就得中进士,见到了皇帝。

一个人的成功有多种因素,环境、机遇、学识等外部因素固然重要,但更重要的是自身的努力与勤奋。缺少勤奋这一重要的基础,哪怕是天赋异禀的人,最终也只剩下了叹息。只要有了勤奋和努力,即便是慢人一步,最终也能登上人生的顶峰。那些想要超过别人的人,每时每刻都必须努力,不管愿不愿意。他们虽然学习艰苦,没有娱乐,但是最终却有丰厚的回报。

鲁迅说:"不耻最后,即使慢,驶而不息。纵令落后,纵令失败,但一定可以达到他所向目标。"其实,在现实生活中,我们不难理解刻苦勤奋就是一种积极的学习态度和主动的学习精神。具有这种态度和精神的人,能够忍得住寂寞,平得下心气,为了心中的远大理想而执著追求,用自己的实际行动实践着"学习足以怡情,足以博世,足以长才"的信条。勤奋刻苦对人一生的发展有着极为重要的影响,那么当下的我们,是不是也该用勤奋刻苦去创造自己未来的光辉前程呢!

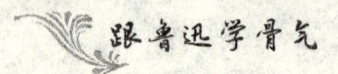

11.远离没有"恒心"的日子

现实生活中,很多人做事都是"虎头蛇尾",总是有始无终、半途而废。他们之所以没有取得成就,不是因为他们缺乏能力、热情,而是缺乏一种坚持不懈的精神。《荀子·劝学》中说:"骐骥一跃,不能十步;驽马十驾,功在不舍。锲而舍之,朽木不折;锲而不舍,金石可镂。"人做事应该有持之以恒的毅力,有坚持达到目的的决心,这就是恒心。

鲁迅说:"在行进时,也时时有人退伍,有人落荒,有人颓唐,有人叛变,然而只要无碍于进行,则越到后来,这队伍也就越成为纯粹、精锐的队伍了。"纯粹、精锐的队伍指的是成功的人,坚持追求理想的人,而退伍、落荒、颓唐、叛变的,则是那些不肯用恒心和毅力鼓舞自己的人,在前进的道路上,他们选择了放弃,结果一事无成。在这个世界上,没有一个做事半途而废的人能够获得真正的成功。

很多年以前的某一天,有一个人正要将一块木板钉在树上当隔板。富家子弟贾金斯走过去多管闲事,说要帮他一把。贾金斯拿过那个人手中的木板说:"你应该先把木板头子锯掉再钉上去。"于是他找来锯子,但还没有锯到两三下,就停下了,说是要把锯子磨得锋利些。

于是他又去找锉刀,可是他又发现锉刀用起来并不顺手,便又想在锉刀上安一个顺手的手柄。之后,他走进灌木丛中寻找小树,可砍树又得先把斧头磨锋利。磨锋利斧头需将磨石固定好,还得制作支撑磨石的木条。制作木条少不了木匠用的长凳,可这没有一套齐全的工具是不行的。于是,贾金斯到村里去找他所需要的工具。然而贾金斯这一走,就再也没有回来。最后,那个人只好自己亲自将木板钉在了树上。

贾金斯无论做什么事情都是虎头蛇尾,有始无终、半途而废。他曾经

第一章 跟鲁迅学志气——文艺救国,永不动摇

下定决心学习法语,但之后他发现要想真正掌握法语,首先必须对古法语有透彻的了解,但要学古法语,就要对拉丁语全面掌握和理解,他还发现,掌握拉丁语的唯一途径是学习梵文。因此,他便开始从梵文学起。只是到最后,贾金斯还是什么都没有学成。

贾金斯见自己在学习上取得不了成就,便转向了商业。他用先辈留下来的一些本钱,投资办了一个煤气厂,可是煤气所需的煤炭价钱昂贵,他亏本了。于是,他将煤气厂转让出去,开办起了煤矿厂。可这次又不走运,因为采矿机械的资金更是不菲。于是,他变卖煤矿厂,转入了煤矿机器制造业。结果,也没有取得任何成就。

尽管贾金斯学习了很多知识,尝试了各种领域,但都因为他做事没有恒心,到头来一事无成。

我们很多人的身上或多或少都有贾金斯的影子,做事虎头蛇尾、半途而废。这不仅会给自己的心理上带来挫折感,还会阻碍自己前进的步伐。因此,我们要努力做一个有恒心的人,做一个积极进取的人。

唐代伟大的诗人李白,自幼便开始涉猎一些经书和史书,但那些书的内容非常深奥,一时之间读不懂,他觉得十分枯燥乏味,于是就经常丢下书,出去玩耍。

有一天,李白在玩耍的时候,看见路边有一位老婆婆手里拿着一根很粗的铁棒子,正在磨刀石上一下一下地磨着。那位老婆婆磨得非常专注,因此没有觉察到李白来了。

李白不知道老婆婆在做什么,于是好奇地问:"老婆婆,你在做什么?"

"磨针。"老婆婆头也没抬,依然认真地磨着手里的铁棒。

李白觉得不可思议,老婆婆手里拿的明明是一根粗铁棒,怎么会是针呢?于是他又忍不住问道:"老婆婆,针是非常非常细小的,现在您磨的是

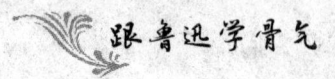

一根粗大的铁棒呀!"

老婆婆边磨边说:"我正是要把这根铁棒磨成细小的针。"

"什么?"李白太过意外,脱口问道:"这么粗大的铁棒能磨成针吗?"

这时候,老婆婆抬起头来,慈祥地看着李白,对他说:"是的,铁棒子又粗又大,要把它磨成针是很困难的。可是我每天不停地磨呀磨,总有一天,我会把它磨成针的。孩子,只要功夫深,铁棒也能磨成针!"

李白本就是个悟性极高的孩子,听了老婆婆的话,心里突然明白了:做事情只要有恒心,天天坚持去做,什么事都能做成的。读书也是这样,虽然有不懂的地方,但只要坚持多读,天天读,总会读懂的。想明白了这些,李白就回到了家里,继续阅读那些深奥的书籍了。

后来,李白成为了一名伟大的诗人。

要有恒心做事,必须具有坚忍不拔的毅力。俗话说:"吃得苦中苦,方为人上人。"李白正是有了恒心,才有了日后的成就。

当我们开始做一件事情的时候,需要的是决心与热情;而我们想要完成一件事情的时候,需要的则是恒心与毅力。一个人若没有恒心与毅力,就不可能达到预定目标。恒心是一种非常可贵的品质,需要在生活的风雨中练就,需要每一个人重视。正如鲁迅所说:"做一件事,无论大小,倘无恒心,是很不好的。"

西华·莱德先生是个著名的作家兼战地记者,他曾在1957年4月的《读者文摘》上撰文表示,他所收到的最好的忠告是"继续走完下一里路",下面是其中的几段:在第二次世界大战期间,我跟几个人不得不从一架破损的运输机上跳伞逃生,结果迫降到缅甸、印度交界处的树林里。如果要等救援队前来援救,至少要好几个星期,那时可能就来不及了,只好自己设法逃生。我们唯一能做的就是拖着沉重的步伐往印度走,全程长达140里,必须

第一章 跟鲁迅学志气——文艺救国,永不动摇

在8月的酷热和季风所带来的暴雨的双重侵袭下,翻山越岭长途跋涉。

才走了一个小时,我的一只长统靴的鞋钉刺到另一只脚上,傍晚时双脚都起泡出血,范围像硬币那般大小。我能一瘸一拐地走完140里吗?别人的情况也差不多,甚至更糟糕。他们能不能走完呢?我们以为完蛋了,但是又不能不走,好在晚上找个地方休息。我们别无选择,只好硬着头皮走下一里路……

当我推掉原有工作,开始专心写一本15万字的大书时,一直定不下心来写作,差点放弃我引以为荣的教授尊严,也就是说几乎不想干了。最后不得不记着只去想下一个段落怎么写,而非下一页,当然更不是下一章了。整整6个月的时间,除了一段一段不停地写以外,什么事情都没做,结果居然写成了。

几年以前,我接了一件每天写一则广播剧本的差事,到目前为止一共写了2000个。如果当时就签一张"写作"2000个剧本的合同,一定会被这个庞大的数目吓倒,甚至把它推掉。好在是写一个剧本,接着又写一个,就这样日积月累真的写出这么多了。

马克思说:"在科学的征途上,没有什么捷径可走,只有沿着崎岖道路不停攀登的人,才有希望达到光辉的顶点。"不停地攀登就是一个人所应具有的恒心。相反,人如果没有恒心,做一件事情,就可能事与愿违;做一项工作,就可能半途而废;做一番事业,就可能前功尽弃,甚至遗憾终生。这样的人生还有什么意义呢?

第二章

跟鲁迅学傲骨

——傲气可无,傲骨必有

有傲骨的人,只会使人感到亲近,感到和蔼,感到一种力量和尊严;有傲气的人,却会让人疏远而难于接受,或敬而远之,或避而躲之,使人感到压抑和难堪。傲骨,是一种任重而道远的追求,也许一个人要终其一生始获真谛;傲气,是一种顺手牵羊、摘花带叶的以身相许,一个人往往深陷其中不仅不知自拔,反而不亦乐乎。今天,对于我们所有人来说,都应该努力培养自己的气质,做人至少要讲究一点骨气。

1.保持本色,自我品格不能丢

保持本色,就是要时刻坚持自己的心,不因外界干扰而改变自己的原则;保持本色,就是要有骨气,不为了取悦别人而降低人格,从而丧失做人的风骨;保持本色,就是不娇柔,不做作,尽显真人风采,不为了名利而变腔变调;保持本色,就是坚持自我,做最真实的自己,做有原则的自己。

1926年,鲁迅来到了厦门,成为厦门大学的国文系教授兼任国学研究院教授。当时厦门大学的校长叫林文庆,这个人办学有两个特点,一是推崇尊孔复古,二是崇尚"金钱万能"。于是,整个学校充满了封建的古习气,同时也盛行着"金钱至上"的观念。

有一位文学青年给鲁迅写信,询问他在厦门大学的生活。鲁迅在回信中说:"我可以回答的是,没有生活。学校是一个秘密世界,外面谁也不明白内情。据我所觉得的,中枢是'钱',绕着这个东西的是争夺、骗取,斗宠,献媚,叩头。"在这种空气下生活,鲁迅感受到前所未有的窒息。不过,在这种腐朽的风气中,鲁迅还是保持了自己的本色,坚持了自己的原则。面对那些面目可憎、语言无味的人,鲁迅采取了闭关的政策,减少自己与他们的往来机会。

在厦门大学期间,鲁迅还身体力行地同不良风气作了斗争。有一次,厦门大学为教授们举办宴会,鲁迅也参加了。宴席上,校长林文庆对某位富豪的捐赠极力称赞,甚至离谱地夸赞他为中国唯一的伟人。鲁迅先生听了心里非常气愤,于是大声地说:"中国有两个伟人,另一个就是我!证据就是我也捐赠了,这是我出的钱,接住!"这一下子让全场都轰动了。鲁迅拿出的钱很少,校长不愿意接受。"为什么不接受呢?"鲁迅质问他,"某先生是百万富翁,与他拥有百万而捐赠的行为相比,我也按同比例拿出了月薪中的这笔钱作为捐赠,意义应该是相同的。"

还有一次,一位银行家来到厦门大学,校方为了招待好他,都忙得不亦乐乎。鲁迅却对这种绕着"钱"字打转的风气嗤之以鼻。有人拉着鲁迅去陪银行家照相,鲁迅坚决不同意,他斩钉截铁地说:"道不同不相为谋!"校长林文庆为银行家摆下了宴席,通知鲁迅前去作陪,但是鲁迅只在通知单上写了个"知"字,并没有去。

鲁迅在厦门大学只呆了几个月的时间,便辞职离开了。

物质的诱惑、不良的风气、扭曲的价值观等,都在考验着一个人的品质。一个人如果在其中迷失了自己,找不到人生的正确方向,就会沦为一个没有骨气的人;相反,一个人如果在面对这些诱惑时还能做到心如明镜,看清自己,不去刻意迎合他人,他就不会丢失自我,保持自己的本色。保持本色,坚持自我,是一种骨气,是正确的做人原则。我们应该用这种原则来规范我们的行为,来指导我们的人生。做到了这一点,才能成为一个受人尊敬的人。

陶渊明从小就喜欢读书,没有当官的志向。即便家里穷得揭不开锅了,他还是坚持读书作诗,从中找到生活的乐趣。后来,陶渊明家里实在穷得要命,只靠着耕种的几分田地根本无法维持生计。亲戚朋友劝他出去谋一官半职,这样就能改善家里的状况了。无奈之下的陶渊明,答应了他们的建议。

当地官府听说陶渊明是名将陶侃的后代,又富有才学,便将他推荐给了大将军刘裕,当上了参军。当时的官员、将领都互相倾轧,陶渊明很是看不惯他们的行为,于是没多久就提出要到地方上去任职。刘裕同意了他的请求,便把他派到彭泽做了当地的县令。

当时县令的俸禄并不高,加上陶渊明体恤百姓,不贪污受贿,所以日

第二章 跟鲁迅学傲骨——傲气可无,傲骨必有

子过得还是很艰苦。不过,比起乡间的苦日子,现在已经好得太多了。而且在小县城里,还没有什么官场应酬的烦心事,也算得上自在。

有一天,郡里派了一名督邮到彭泽视察工作。县里的小吏听到这个消息后,连忙向陶渊明报告了这件事情。正在屋里作诗的陶渊明听到这个消息,心里觉得非常扫兴,但是上级来了总要接待一番。于是他放下书籍,准备跟小吏一起去见督邮。小吏见他身上穿的是便服,吃了一惊说:"督邮来了,您应换上官服束上带子去拜见才合规矩,怎么能穿着便服去呢!"

陶渊明本就不想踏入官场,又看不惯那些依官仗势作威作福的督邮,一听小吏说还要穿官服行拜见礼,心里更是不愿意了。他叹了口气说:"我可不愿为了这五斗米俸禄,去向那督邮打躬作揖。"说完这话,他没有去见督邮,而是将身上的印绶解了下来交给了小吏,算是自动离职了。

陶渊明回到老家以后,觉得整个社会混乱的局势跟自己的志趣、理想相差甚远。从那以后,他就隐居起来,过着逍遥自在的日子,闲着就写诗歌、文章,以此来抒发自己的志趣与理想。

在历史的长河中,涌现出了很多像陶渊明一样宁肯隐居山林保持自我本色,也不愿巴结讨好权贵,屈服于他人的人。这些正人君子都深知自我品格的重要性,无论任何时候都不愿丢下身上的铮铮傲骨。

鲁迅的不计名利、忘我工作,也是一种有骨气、有人格的体现。而对于我们常人来说,如果想活得有自信、有尊严,就应该拿出做人的骨气来,好好守护自己的人格,坚持自我的品格。

1926年11月,厦门大学校长林文庆召开了一次谈话会,讨论国学研究院的经费问题。林文庆组织国学研究院的宗旨是"保存国故",而鲁迅却主张批判地继承古代文化遗产,与当局者尊孔的主张相反。因此,林文庆便以陈嘉庚经营橡胶折本,理科进口仪器和化学药品又耗资过多为由,提出削减国学院的经费。鲁迅敏锐地意识到在经费问题背后隐藏着的其实是思想原则的分歧,便反驳说:"国学院成立以来,一本刊物都没印成,交上来的研究著作又并不真的准备付印。现在本来不多的预算不但不增,反要减削,这种做法岂不是食言?"林文庆恼羞成怒,便摆出老板的架势说:"学校的经费是有钱人拿出来的,谁出钱,谁便可以说话。"鲁迅随即掏出一枚价值两毛的银角子,用力往桌子上一拍,幽默而犀利地说:"我也有钱,我有发言权。如果经费问题不解决,我就离开此地。"由于鲁迅态度强硬,林文庆只得被迫宣布取消前议。

随波逐流,迷失的是自我;随声附和,丢失的是人格。在现实生活中,很多人因为随波逐流而变得虚伪、盲目,不再是真实的自己。一味地随波逐流,失去的是节操,得到的是失败。所以,每个人都要做最真实的自己。

古人说:"予独爱莲之出淤泥而不染,濯清涟而不妖,中通外直,不蔓不枝,香远益清,亭亭净植,可远观而不可亵玩焉。"在当今这个物欲横流的社会,年轻人只有像鲁迅那样保持自己的本色,坚持自我的品格,才不会随波逐流,才不会被世俗所污染。

2.强权面前,绝不低头

在人生的道路上,每个人都有可能遇到强权的时候,强权就是指依靠自己优势地位欺压他人的权势。有的人在强权面前,选择了忍气吞声,丧失了自己的骨气;有的人则是在强权面前,选择了据理以争,表现出了自

第二章 跟鲁迅学傲骨——傲气可无,傲骨必有

己的铮铮傲骨。两种不同的选择,造就了两种不同的人生。正如鲁迅所说:"勇者发怒,抽刃向更强者;怯者愤怒,即抽刃向更弱者。"

鲁迅回国之后投入的第一次战斗,是在杭州执教期间参与了痛击教育界封建顽固势力的"木瓜之役"。在这次战斗中,鲁迅表现出了"拼命三郎"式的勇气,在封建顽固势力面前,展现出了自己高贵的品格。

浙江两级师范学堂校长沈钧儒迁升为浙江省咨议局副局长,保守势力中的"木瓜"夏震武当上了学堂校长。夏震武自认为是"理学家",主张"忠君",对于一切带有"洋"字的东西都持有排斥的态度。当时新学校规定,新上任的校长都要亲自拜见学校里的教师。夏震武认为这是立威与整顿教师的好机会。于是,在1909年12月21日,也就是他正式上任的前一天,给学校写了一封信。信中的内容大概是这样的:全体教师都必须按照自己的品级穿戴礼服,行礼的时候必须用当时官场下属拜见上司的"庭参"礼节;必须设立"至圣先师"孔子的牌位,由他带领全体师生"谒圣"。教师们看了这封信,心里都非常气愤。当时鲁迅认为孔子是封建权势者的圣人,是不值得参拜的,"庭参"礼节也是对教师人格的一种侮辱。面对不可一世的、飞扬跋扈的夏震武,鲁迅、许寿堂等进步教师决定用另外一种形式来"迎接"夏震武。

第二天早上8点左右,夏震武声势浩大地来到学校,他一身清朝官员的打扮走在前面,身后跟着16名教育总会会员。到了学校之后,夏震武先是带领着学生向孔子的牌位行礼,之后就给学生们训话,内容无非就是大骂新派人物,攻击两级师范的教师"高谈平等自由,蔑伦乱纪,诳惑学生"。接着他又在会议室召见全体教师,等了半天,教师们才三三两两地进来,谁也没有向夏震武问好,自己找个地方就坐下了。教师们都没有穿夏震武在信中提到的礼服。最为特别的是鲁迅,他今天还特意穿了一身西装,留着非常精神的短发。夏震武见到鲁迅,心里更是火冒三丈,对教师们说道:"两级师范学堂名誉甚坏,教育总会理应调查,并行整顿。"面对夏震武的满口污蔑,鲁迅选择了回击,他厉声要求夏震武指出学校腐败的证据。其他的教师也都纷纷响应鲁迅,都指责夏震武是一个假孝子、老顽固。夏震武哑口无言,自知形势对自己不利,于是就夺门而逃了。

夏震武对全校教师罢课的行为非常不满,就给学校送去了三封信:第一封批判教务长许寿裳"非圣""蔑礼""侵权";第二封斥责教师教坏学生;第三封劝学生自学,不要跟教师学坏。夏震武主张"教员反抗则辞教员,学生反抗则黜学生",以为用这种强硬的方式就可以让全校师生屈服。事实上,几天之后,鲁迅和十多名住校的单身教师收拾好行李,住到了湖州会馆,并给当时的教育总会发了电报,要求恢复全体教师的名誉。有些科举出身的教师,受到了夏震武的恐吓,担心丢了饭碗,所以就犹豫不定。夏震武也看出了这一点,就想乘机将他们几个拉到自己的阵营中。鲁迅得知后,严肃地对他们说:"此时,我们当中要是有人不坚定的话,那么很多人就会被夏震武革除,新开的课程也会被停止,那样我们的努力就都白费了。现在只有坚持下去,才是唯一的出路。"大家听了鲁迅的话,更加坚定了信心,选择了继续斗争下去。

两级师范学校教员的正义斗争,得到了进步学生以及省内教育界和京沪报刊的支持、声援。在他们的共同努力下,夏震武被迫离职。而鲁迅等教师则被请回了学校。

在这场斗争中,鲁迅一直站在前线,勇敢坚定,充分地发挥了"拼命三郎"的精神,最终赢得胜利。最难能可贵的是,鲁迅在夏震武这个强权面前,一直不屈服,具有令人敬佩的骨气。

在漫天飞雪、寒风凛冽的冬季,唯有坚贞不屈的梅花在风雪中傲然开放。梅花最有骨气,最有品格,最有灵魂。越是寒冷,越是风欺雪压,梅花开得越精神,越秀气。对于鲁迅来说,强权面前毫不动摇,坚持正义斗争,

第二章 跟鲁迅学傲骨——傲气可无,傲骨必有

就是骨气。鲁迅以"善"对待生活,然而,当"恶"对他压迫与欺凌时,他必定毫不犹豫地与"恶"抗争。1936年9月,鲁迅先生在他的杂文《死》中写道:"我的怨敌可谓多矣,倘有新式的人问起我来,怎么回答呢?我想了一想,决定的是:让他们怨恨去,我也一个都不宽恕。"

历史上有很多具有这样的品质的人,无论经历什么样的苦难,无论受到什么样的欺辱,他们都能顶天立地,不向强权低头。

董宣,字少平,陈留郡圉地人。有一年,光武帝刘秀特例征召董宣,让他当上了洛阳令。上任没多久,董宣就遇到了一件棘手的事情。皇帝的姐姐湖阳公主的一个家奴杀了人,躲藏在公主家里不出来。官吏们不敢到公主府上直接要人,自然就无法严惩凶手。有一天,公主要出门,那个杀人的家奴正好陪乘,董宣得知这个消息,便在夏门外的万寿亭等候,拦住了公主的车马。面对公主,董宣丝毫不害怕,他用刀圈地,大声数说公主的过失,呵斥家奴下车,并当场处置了家奴。

湖阳公主觉得自己颜面尽失,便进宫面圣告状。光武帝刘秀听后非常愤怒,立刻召董宣进宫,要用鞭子打死他。董宣来到皇帝面前,磕头说:"希望陛下容我说一句话,再让我死。"光武帝说:"你还想说什么话?"董宣说:"陛下您因德行圣明而中兴复国,现在却任意纵容家奴杀害百姓,您将来还依靠什么来治理天下呢?陛下不必用鞭子打我了,我请求能够自杀。"说完,董宣就朝着柱子撞了过去,顿时血流满面。

光武帝见董宣这么坚决,决定退一步,让董宣给公主磕头谢罪。但是,董宣不答应,光武帝让小太监强迫他磕头,董宣两手撑地,一直不肯低头。公主说:"过去弟弟做百姓的时候,隐藏逃亡犯、死刑犯,官吏不敢到家门。现在做了皇帝,你的威严都不足以镇住一个洛阳令了。"光武帝笑着说:"做皇帝和做百姓不一样。"于是下令释放董宣,并赏赐给他三十万钱。

跟鲁迅学骨气

明代的海瑞也是一个不肯向强权屈服,保持一身傲骨的人。

海瑞曾担任过许多地方和中央的官职。在任期间,海瑞廉洁简朴,多谋善断,不畏强权,关心百姓。人们总将他与北宋时期的包拯相提并论,叫他海青天。

海瑞中了举人以后,被派到福建南平县去当县学的教谕。他常教育学生说:"读书人应该尊重自己的身份,不能当'软骨头'。"并且他自己也是这样做的。

有一天,知府带着一些官员要到南平县的县学来视察。海瑞和另外两个学官带着全体学生站在县学的大门外等候。三个学官站在最前面,海瑞则站在那两个人的中间。

不一会儿,知府带着官员们前呼后拥地来了。海瑞身边的两个学官,见大官们来了,就一左一右的"扑通"跪了下去。后边的学生一看,也呼啦一下,跪下了一大片。只有海瑞直着身子,只对官员们作了个揖,算是行礼了。三位学官排在一起,两边低中间高,海瑞显得十分突兀。

知府见海瑞不下跪,心里很不高兴,皱起了眉头。旁边有人告诉他,这人叫海瑞。知府听了,冷笑着说:"这是哪儿来的'山'字笔架,竖在这儿啦?"

过去放毛笔用的笔架,常常做成"山"字形,中间高两边低。知府见这三个学官排在一起的样子,真像个"山"字笔架。再说"海瑞"的"瑞"字里边,也有个"山"字。所以知府就想借机挖苦海瑞。

海瑞听了,知道自己得罪了知府。可他一点不后悔,还是挺直地站着。过后,他便提出辞职回家。如此一来,海瑞"山字笔架"的大名,一下就流传开了。有些人索性叫他"笔架博士"。人们都很佩服海瑞在权势面前的这种骨气。

鲁迅说："勇者举刀向强者。"强权面前不低头是一种气节,强权面前站得起是一种力量,强权面前不屈服是一种骨气。董宣做到了,海瑞做到了,鲁迅也做到了。尽管历史在不停的更迭,但是鲁迅不畏强权的精神,却依旧散发着耀眼的光芒。

3.面对权威,不盲从不退缩

权威对人的影响是巨大的,是不容忽视的。在生活中,很多人都听从权威解释或是盲从于专家的评论,跟着他们的思路走,从而丧失了自己的主见。不知这些人有没有自问过:"难道权威都是正确的吗?权威都是不可动摇的吗?"事实上,未必如此。古希腊哲学家亚里士多德说:"我爱我师,但我更爱真理。"做人要有主见,自己对事物要有确定的意见或见解。随从、跟风都不是强者的行为。孔子也曾教导我们:"众恶之,必察焉;众好之,必察焉。"所以说,从众心理要不得。

无论是在生活中,还是在学习或工作中,我们都要避免这样的问题发生。因为没有主见的人,将来很难有太大的发展。我们要善于思考,改善自我,在权威面前做到不盲从不退缩。这样的人才是值得尊敬的人。

童年时期的鲁迅,喜欢读书,但是他却不盲从于书中的观点,总是抱着怀疑的精神去探索真理。

私塾的生活对于鲁迅来说是枯燥乏味的,课外时间则比较充裕。为了充实课外生活,渴求知识的鲁迅,非常想读一些既有意义有符合自己阅读口味的书籍。但是,当时的课外读物充斥着封建思想,这对儿童来说无疑是毒药。但鲁迅并没有受到毒害,而是有效地抵制了旧思想的污染。

"囊萤照读""凿壁偷光"这些故事不仅脍炙人口,而且还常常被用作激励读书人勤奋学习的榜样,很少有人对它们产生过怀疑。但鲁迅不一样,他经过认真思考,觉得这些故事并不可靠,更不能仿效他们的行为。为什么呢?因为每天都要捕捉一袋子萤火虫,并不是件容易的事情。而把邻居的墙壁凿穿了,邻居会善罢甘休吗?恐怕不仅会遭到邻居的责骂,而且还得赔礼、赔钱。如此一来,还能静得下心来读书吗?

《二十四孝图》是一本宣扬封建伦理的传统教材,书中记载的24孝子,常被后人当成是效仿的对象,他们的事迹更是激励着人们要孝顺父母。然而,鲁迅却不这样认为,他从中发现了"礼教吃人"的残酷事实,认为书中所宣扬的都是些愚蠢虚伪的孝子,他们的行为让人感到害怕。

鲁迅并不反对孝顺父母。在他看来,孝顺"无非是'听话','从命',以及长大之后,给年老的父母好好地吃饭罢了"。然而,《二十四孝图》中的第一个故事就让鲁迅失望了。书中的第一个孝顺模范是晋代的王祥,他自幼丧母,跟着父亲和继母朱氏生活。但是朱氏不仅虐待他,而且还挑拨他跟父亲之间的关系,使得他们的感情不合。但王祥却一味孝顺,在寒冷的冬天里,朱氏想要吃鱼,王祥竟脱去衣服卧在河面的冰上,等体温化开了冰层,再弄到鱼。鲁迅对王祥的行为难以理解。

另外,还有一个令鲁迅厌烦的孝子,他就是"老莱娱亲"中的老莱子。七十多岁的老莱子,早已满头白发,但他却穿着花衣,在双亲面前手摇拨浪鼓,扮演婴儿,博得父母一笑。在鲁迅看来,这种"肉麻"是无趣的。

对鲁迅心灵影响最大的是"郭巨埋儿"的故事。郭巨担心儿子会吃掉自己母亲的口粮,竟然将三岁的儿子活埋了。幼小的鲁迅心想如果父亲要是学习郭巨,那么活埋的不正是自己吗?这种诲孝的教科书,竟是如此的冷酷和可怕!因此,那些被人们当成是榜样的孝子,都成了鲁迅极为厌

第二章 跟鲁迅学傲骨——傲气可无，傲骨必有

恶与反感的人。

做人要有自己的主见，不要盲从所谓的权威、真理，不要因为权威而亦步亦趋，惧于向前。人要忠于自己，不必总是顾虑别人的想法，或总是想要取悦他人。生命的可贵之处就在于人可以按照自己的想法生活。为自己而做，为自己的梦想活。

哥白尼18岁那年，进入了克拉科夫的雅盖隆大学。这所大学是东欧传播资产阶级思想文化的重要基地，这里的资产阶级人文主义学派的教授，思想都很先进，他们不满经院哲学的死板教条，在科学上都提出了很多新的见解。在这种氛围的影响下，哥白尼钻研数学，阅读了大量古代天文学书籍，钻研了"地心说"和"日心说"。并在此基础上，开始用仪器观测天象，头脑里孕育着新的天文体系。

后来，哥白尼在意大利留学10年，期间一直在帕多瓦大学学习，这所大学的学术气氛更为活跃。该校的天文学教授诺瓦拉对"地心说"表示怀疑，认为宇宙结构可以通过更简单的图式表示出来。哥白尼从诺瓦拉那里对"地心说"和"日心说"有了进一步了解，产生了自己独特的见解：地球自转及行星围绕太阳公转。

通过长期的天象观测和研究，对地球大小的精确计算，以及对行星顺行逆行的研究，哥白尼进一步认定太阳是宇宙的中心。地球是围绕太阳旋转的一颗行星，除地球外，还有其他的行星，也在围绕着太阳旋转。

当时，在中世纪的欧洲盛行的是"地心说"。处于统治地位的教廷更是大力支持"地心说"，以此愚弄人们，维护自己的统治。哥白尼要想推翻"地心说"，无疑是在向教廷挑战。

哥白尼开始写作《天体运行论》一书，一直到1543年，他才鼓起了勇气决定反击"地心说"。他坚定地表示："我不会在任何人的责难面前退缩下来。""如果有人竟对我的设想横加指责,我将不予理睬。我认为他们的判断是粗暴的,为此我完全蔑视。"他把自己的手稿拿到纽伦堡付印。经过一番周折,《天体运行论》终于艰难地问世了。

哥白尼的"日心说",纠正了长期以来一直为人们所接受的谬误,从科学上推翻了托勒密的地球中心说。这不仅沉重打击了神权,而且还将自然科学从神学的束缚下解放了出来,在近代科学的发展上具有划时代的意义。

哥白尼没有被宗教权威所吓倒,而是始终坚持自己的观点。这在当时具有着伟大而深刻的意义和时代的进步性。

一个没有主见的人,其一生会一事无成。只要我们认为自己的意见是对的,面对权威的时候,不要害怕遭受冷遇、孤立和打击,要敢于表达自己的态度。做人,不要把权威看得太高,不要把自己想得太差。不要因为权威而停止你向前迈进的步伐,只有不盲从,不退缩,才能有所收获!

4.隐忍,不是懦弱

忍与争,是两种不同的处世方法,争一口气,是为骨气;而忍让,同样也是一种骨气,是一个人自身修养的体现。忍让并不意味着退却不前或懦弱可欺,也不是对于误解、凌辱的无动于衷。忍让,顾全的是大局,着眼的是未来。忍让是理性的,以退为进,能够忍让者必意志坚定,性格坚忍。忍让是一种禅学,以水的力量扑灭了怒火,以火的能量焚毁了阴谋,以药的奇效消除了怨恨。忍让,是一种以退为进、厚积薄发的策略;忍让,是一

第二章 跟鲁迅学傲骨——傲气可无,傲骨必有

种做人做事的大智慧。

在人生不如意的时候,鲁迅选择了暂时隐忍,这才得以保全了自己。

1912年,鲁迅孤身一人来到北京,从努力工作沦落到了混日子的地步。这是因为社会形势所逼,鲁迅也没有办法。当时,是中国最动荡的时期。1915年,袁世凯登基称帝,蔡锷发动护国战争;1916年,护国战争节节胜利,各省纷纷独立;1917年,张勋扶持溥仪复辟失败,段祺瑞、孙中山开始发动护法运动;1918年,护法运动失败,刚刚推翻封建君主制的中国,再次陷入了动乱之中。

鲁迅在北京的日子非常不好过,他一个人住在绍兴会馆西侧的一排僻静的小屋中,除了到教育部上班,就是一个人面对小屋的墙壁。而此时,北京官场的气氛也一天比一天紧张,随着袁世凯当皇帝的欲望日益强烈,他的部下对于政府内部的文官充满了警惕之心,动不动就抓人,威胁那些反对袁世凯的官员。

鲁迅属于南方的革命党一派,又是跟着蔡元培北上的官员,自然成了特务留意的对象。当时,教育部的蔡元培已经辞职,新任总长认为鲁迅是蔡元培的人,也在寻找机会,将他赶出教育部。教育部的同事们,每天都吃喝嫖赌,大张旗鼓地将自己的某一种嗜好表现出来,以此来逃避袁世凯的猜疑。鲁迅除了学大家的样子,别无选择。

鲁迅所住的小屋子有一个院子,因为曾有一个有钱人的姨太太在那个院子里的槐树上上吊自杀,所以大家都不敢住在那里,唯独鲁迅不害怕。每天白天忙完之后,鲁迅就在这里通过收集古董、抄写碑帖、读佛经来消磨时光,常常要到凌晨一两点钟。

鲁迅买来的汉碑拓片大多残缺模糊,抄起来非常麻烦,有时候抄清楚一张就要花费好几天的时间。但是,鲁迅却在这个过程中慢慢地对校勘产生了兴趣。就这样,他一直抄了五六年的时间。

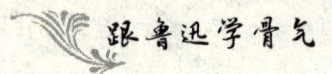

鲁迅不仅自己懂得隐忍,还教导其他人也要隐忍。

1925年11月29日,北京群众围攻和焚烧《晨报》报馆,鲁迅是用什么态度看待此事的呢?从他早期的一次演讲中可以找到答案。他说:"震骇一时的牺牲,不如深沉的韧性的战斗。"他反复告诫青年"不要再请愿","要韧,要忍,要注重实力"。由此不难看出,鲁迅不赞成围攻和烧毁《晨报》报馆,而人们去做这件事情,终究付出了血的代价。

鲁迅的隐忍,不是对现实的屈服,而是在退让中另谋进取;鲁迅的隐忍,不是逆来顺受甘为人奴,而是委小屈求大全。一旦时机到了,他就像潜龙一样腾空而起,施展才干。隐忍是一种人生的智慧,是一种成熟睿智的气度。

苏轼曾说:"古之所谓豪杰之士者,必有过人之节。人情有所不能忍者,匹夫见辱,拔剑而起,挺身而斗,此不足为勇也。天下有大勇者,卒然临之而不惊,无故加之而不怒。此其所挟者甚大,而其志甚远也。"

是的,人太刚强,做事就会不计后果,这样的人容易遭受挫折,人生苦短,能忍受几多挫折?人太柔弱,遇事就会优柔寡断,错失良机,这样的人很难成就大事,一味软弱,终究是没有骨气。做人要刚柔并济,能刚能柔,能屈能伸,当刚则刚,当柔则柔,屈伸有度。

狄仁杰是唐朝武周时的著名宰相,为人刚正廉明,执法不阿,为了拯救无辜,敢于拂逆君主之意,始终保持体恤百姓、不畏权势的本色,虽居庙堂之上,却以民为忧,后人称之为"唐室砥柱"。就是这样一个不畏权势的刚强之士,也懂得用隐忍之法保全自己。

武则天在位期间,左台中丞来俊臣仗着宠爱,随意给忠良捏造罪名,陷害他们。不仅如此,他还大兴刑狱,专用酷刑逼供。朝中群臣害怕他的权势,都是敢怒而不敢言。

第二章 跟鲁迅学傲骨——傲气可无,傲骨必有

有一次,来俊臣给狄仁杰、任知古、魏元忠等七位大臣罗织了个谋反罪。他奏请武后道:"这七人中,一经审问即承认犯有谋反罪行,态度较好者,可以赦免死罪。"武则天准奏。

得意洋洋的来俊臣来到狱中,对狄仁杰一干人等说了武后的命令,还假惺惺地说:"识时务者为俊杰。你们可要看清形势,如今太后在位,皇恩浩荡。你们若承认有罪,太后就会网开一面,赦免你们的死罪。如若顽固不化,可别怪我的刑罚无情。"

狄仁杰对来俊臣心狠手辣的刑法早有耳闻,心想:我们这几个人都是清白无辜的,却遭到了来俊臣的诬陷。他是太后面前的红人,自己怕是没有机会洗清罪名了。如果不先隐忍认罪,保住性命,势必会遭到来俊臣的毒害,那样可就永远无法伸冤昭雪了。

想到这里,狄仁杰便首先承认自己犯了谋反之罪。来俊臣一见狄仁杰"认罪",也就不再刻意难为他。其他几个人由于没有认罪,都遭到了来俊臣的严刑拷打。

由于狄仁杰已承认谋反,所以他并没有被打入死牢,而且狱卒对他的看管也不是特别严格。一天,狄仁杰抓住了一个机会,从被子上撕下一片布帛,用血在布帛上面写下了自己的冤情。写好之后,悄悄地把它塞在棉衣里面。等狱卒来送饭时,他把棉衣交给那狱卒,说:"天气热了,麻烦你把棉衣交给我的家人,让他们拆洗吧。"狱卒照办。

狄仁杰的家人拆棉衣的时候,发现了藏在里面的血书,打开一看就明白了狄仁杰的用意。

狄仁杰之子狄光远带着血书,进宫面见了武后,呈上了血书。武则天看完,知道狄仁杰是被诬陷,是在不得已的情况下才承认有罪的,于是就赦免了他。

刚强是人身上最可贵的品质,但刚强也有限度,有了困难和挫折,宁折不弯是对的,但一味刚强到底,硬撑死撑,直到精血耗尽,却是不可取的。此时,不妨选择暂时的隐忍,这不是胆小怕事,没有骨气,而是人生的大智慧。

古代所谓的豪杰人物,都有超过常人的修养,更有着一般人所不能忍的忍功。"必有容,德乃大;必有忍,事乃济"。一个人胸怀坦荡磊落,能无所不包、无所不容,那就无事不能成、无功不可就了。忍字头上一把刀,你若挨得过这把刀,寸寸心血会教你成功。能包容一切,方能接受一切、忍耐一切,然后必能改变一切、克服一切。大肚能容,逆来顺受,才是一个成大功、立大业的强者。

现实生活是复杂的,社会竞争是激烈的。在面对这些的时候,我们要学会冷静,先要保全自己,等到有能力的时候再去做力所能及的事情,这才是聪明人的做法。

5.威逼利诱,气节不改

威逼利诱,是一种暴力手段的威胁,即利用物质或精神上的满足加以诱惑。一个对荣华富贵垂涎三尺,不择手段追求享乐的人,一般来说很难保持气节。因为这种人意志薄弱,缺少骨气,容易在困难面前低头,没有以贫为乐的达观精神。抱有这种心态的人,是不会在困境面前保持气节的。反过来,他们更容易在是非困难的考验面前,见利忘义,出卖良心,亵渎正义,出卖人格,成为被人唾弃的软骨头。但也有一部分人,面对威逼利诱,气节不改,成为了正气浩然,宁死不屈的硬骨头。

第二章 跟鲁迅学傲骨——傲气可无,傲骨必有

威逼利诱,动摇不了鲁迅坚强的意志。1925年5月7日,在校内国耻纪念会上,学生会主席刘和珍带着学生们将主席台上的杨荫榆赶了下去。杨荫榆态度强硬,立即做出了回击。5月9日,杨荫榆贴出布告,宣布开除刘和珍等6名学生学籍,并勒令她们离开学校。鲁迅得知这个消息后,非常气愤,立即起草了《对于北京女子师范大学风潮宣言》,并请钱玄同、周作人等7位先生在"宣言"上签了字。

谁知,杨荫榆竟然采取了更加无理的方式。1925年7月30日,杨荫榆在深夜时贴出公告,宣布解散女师大学生自治会,同时利用警察的干预,强行关闭了食堂和宿舍,连校门也锁了。鲁迅第二天便住进了女师大教务处,开始对抗杨荫榆,接下来,他又写了《流言和谎话》与《女校长的男女的梦》,用文字将杨荫榆的企图揭露了出来。最后,在全体学生和老师的坚决抵抗下,北洋政府妥协,撤出军警,恢复供电。同时,杨荫榆辞职,调至教育部另行任用。

8月13日,女师大成立了校务维持委员会,负责校内外一切事务,鲁迅是校维持会的委员。可是,麻烦却并未结束。教育总长章士钊亲自兼任女师大的校长,宣布停办女师大,直接改组为国立蓄意女子大学。不仅如此,章士钊和杨荫榆一样,也动用了武力,打砸了学生自治会。章士钊想要说服和收买鲁迅,于是派人给鲁迅传话说:"你不要闹。将来给你做校长。"面对这种诱惑,鲁迅果断地选择了拒绝。这让章士钊非常恼火。章士钊见鲁迅不吃软,于是转而来硬的,诬陷他鼓动学潮,并上报给段祺瑞政府,请求罢免鲁迅教育佥事的职务。第二天,段祺瑞就同意了章士钊的奏请。之后,鲁迅至行政院对章士钊提出了诉讼,并赢了官司,官复原职。

面对章士钊的威逼利诱,鲁迅不为所动,不改气节,毅然坚持斗争,他的精神可歌可泣。

气节,是表示个体行为品性的概念,是具有德行主体的积极态度的含

义。具体地讲是一个人或者一个民族自尊心和自信心的表现。气节是德行主体为维护人格、民族的尊严和利益所表现出的牺牲精神和斗争勇气。在威逼利诱面前，不改气节，既是做人应遵循的准则，也是做人应有的骨气。

苏武是西汉著名的尽忠守节的人物。经过汉武帝三次重大战役的打击，匈奴的军事实力大为减弱，只好远遁漠北。公元前100年，苏武奉命出使匈奴。当时缑王与长水人虞常等人在匈奴内部谋反。正好碰上苏武等人到匈奴，虞常在汉的时候，一向与副使张胜有交往，私下拜访张胜，说："听说汉天子很怨恨卫律，我虞常能为汉廷埋伏弩弓将他射死。我的母亲与弟弟都在汉，希望受到汉廷的照顾。"张胜许诺了他，把财物送给了虞常。

一个多月后，单于外出打猎，只有阏氏和单于的子弟在家。虞常等七十余人将要起事，其中一人夜晚逃走，把他们的计划报告了阏氏及其子弟。单于子弟发兵与他们交战，缑王等都战死，虞常被活捉。单于派卫律审处这一案件。张胜听到这个消息后，担心他和虞常私下所说的那些话被揭发，便把事情经过告诉了苏武。苏武说："事情到了如此地步，一定会牵连到我们。若因受到侮辱才去死，更对不起国家！"因此想要自杀，张胜、常惠一起制止了他。虞常果然供出张胜。单于大怒，召集许多贵族前来商议，想杀掉汉使者。左伊秩訾说："假如是谋杀单于，又用什么更严的刑法呢？应当都叫他们投降。"单于派卫律召唤苏武来受审讯。苏武对常惠说："丧失气节、玷辱使命，即使活着，还有什么脸面回到汉廷去呢！"说完拔出佩带的刀自刎，卫律大吃一惊，自己扶好苏武，派人骑快马去找医生。医生在地上挖一个坑，在坑中点燃微火，然后把苏武脸朝下放在坑上，轻轻地敲打他的背部，让淤血流出来。苏武本来已经断了气，这样过了好半天才重新呼吸。常惠等人哭泣着，用车子把苏武拉回营帐。单于钦

第二章 跟鲁迅学傲骨——傲气可无，傲骨必有

佩苏武的节操，早晚派人探望、询问苏武，而把张胜逮捕监禁起来。

苏武的伤势逐渐好了。单于派使者通知苏武，一起来审处虞常，想借这个机会使苏武投降。剑斩虞常后，卫律说："汉使张胜，谋杀单于亲近的大臣，应当处死。单于招降的人，赦免他们的罪。"举剑要击杀张胜，张胜请求投降。卫律对苏武说："副使有罪，应该连坐到你。"苏武说："我本来就没有参与谋划，又不是他的亲属，怎么谈得上连坐？"卫律又举剑对准苏武，苏武岿然不动。卫律说："苏君！我卫律以前背弃朝廷，归顺匈奴，幸运地受到单于的大恩，赐我爵号，让我称王；拥有奴隶数万、马和其他牲畜满山，如此富贵！苏君你今日投降，明日也是这样。白白地用身体给草地做肥料，又有谁知道你呢！"苏武毫无反应。卫律说："你顺着我而投降，我与你结为兄弟；今天不听我的安排，以后再想见我，还能得到机会吗？"

苏武骂卫律说："你做人家的臣下和儿子，不顾及恩德义理，背叛皇上、抛弃亲人，在异族那里做投降的奴隶，我为什么要见你！况且单于信任你，让你决定别人的死活，而你却居心不平，不主持公道，反而想要使汉皇帝和匈奴单于二主相斗，旁观两国的灾祸和损失！南越王杀汉使者，结果九郡被平定。宛王杀汉使者，自己头颅被悬挂在宫殿的北门。朝鲜王杀汉使者，随即被讨平。唯独匈奴未受惩罚。你明知道我决不会投降，想要使汉和匈奴互相攻打。匈奴灭亡的灾祸，将从我开始了！"卫律知道苏武终究不可胁迫投降，报告了单于。

匈奴单于为了逼迫苏武投降，开始时将他幽禁在大窖中，苏武饥渴难忍，就吃雪和旃毛维生，但绝不投降。单于又把他弄到北海，苏武更是不为所动，依旧手持汉朝符节，牧羊为生，表现了顽强的毅力和不屈的气节。

19年后，苏武回国时已经须发尽白了。为了表彰他不辱汉节的功绩，昭帝封他为典属国，宣帝时，被赐爵关内侯，后复为右曹典属国。苏武留胡节不辱的爱国精神受到后人的敬仰，他的事迹广为流传。

面对威逼利诱,不改气节,是一种骨气,是一种在任何情况下都应保持的高尚的操守。"诗仙"李白,在身处于逆境的情况下,以浪漫诗人的情调高吟:"安能摧眉折腰事权贵,使我不得开心颜。"宋人周敦颐作《爱莲说》云:"自李唐来,世人甚爱牡丹,予独爱莲之出淤泥而不染。"以言明自己的操守。林逋在《省心录》中说:"大丈夫见善明,则重名节如泰山;用心刚,则轻生死如鸿毛。"刘禹锡在《学院公体三首》中讲:"昔贤多使气,忧国不谋身,目览千载事,心交上古人。"……这一切都说明了人格力量的伟大。

6.傲气太盛,自大会害自己

自大,就是以为自己了不起,把自己的地位作用等看得很重要,过度夸大自己的价值。自大的人,喜欢炫耀自己的与众不同之处,事事都要争第一,事事都要做得比别人强。这其实是一种不健康的心理。

鲁迅在一篇文章中无情地批判了国人的盲目自大与自恋,他不会因为外国人指出自己的缺点而感到丢人,而是清楚地认识到,一个民族需要的是真正的强大而不是病态的自尊。下面是原文节选。

中国人向来有点自大。——只可惜没有"个人的自大",都是"合群的爱国的自大"。这便是文化竞争失败之后,不能再见振拔改进的原因。

"个人的自大",就是独异,是对庸众宣战。除精神病学上的夸大狂外,这种自大的人,大抵有几分天才,——照Nordau等说,也可说就是几分狂

第二章　跟鲁迅学傲骨——傲气可无，傲骨必有

气，他们必定自己觉得思想见识高出庸众之上，又为庸众所不懂，所以愤世疾俗，渐渐变成厌世家，或"国民之敌"。但一切新思想，多从他们出来，政治上宗教上道德上的改革，也从他们发端。所以多有这"个人的自大"的国民，真是多福气！多幸运！

"合群的自大"，"爱国的自大"，是党同伐异，是对少数的天才宣战；——至于对别国文明宣战，却尚在其次。他们自己毫无特别才能，可以夸示于人，所以把这国拿来做个影子；他们把国里的习惯制度抬得很高，赞美的了不得；他们的国粹，既然这样有荣光，他们自然也有荣光了！倘若遇见攻击，他们也不必自去应战，因为这种蹲在影子里张目摇舌的人，数目极多，只须用mob的长技，一阵乱噪，便可制胜。胜了，我是一群中的人，自然也胜了；若败了时，一群中有许多人，未必是我受亏：大凡聚众滋事时，多具这种心理，也就是他们的心理。他们举动，看似猛烈，其实却很卑怯。至于所生结果，则复古，尊王，扶清灭洋等等，已领教得多了。所以多有这"合群的爱国的自大"的国民，真是可哀，真是不幸！

不幸中国偏只多这一种自大：古人所作所说的事，没一件不好，遵行还怕不及，怎敢说到改革？这种爱国的自大家的意见，虽各派略有不同，根柢总是一致，计算起来，可分作下列五种：

甲云："中国地大物博，开化最早；道德天下第一。"这是完全自负。

乙云："外国物质文明虽高，中国精神文明更好。"

丙云："外国的东西，中国都已有过；某种科学，即某子所说的云云。"这两种都是"古今中外派"的支流，依据张之洞的格言，以"中学为体西学为用"的人物。

丁云："外国也有叫化子，——（或云）也有草舍，——娼妓，——臭虫。"这是消极的反抗。

戊云："中国便是野蛮的好。"又云："你说中国思想昏乱，那正是我民族所造成的事业的结晶。从祖先昏乱起，直要昏乱到子孙；从过去昏乱起，直要昏乱到未来。……(我们是四万万人，)你能把我们灭绝么？"这比"丁"更进一层，不去拖人下水，反以自己的丑恶骄人；至于口气的强硬，却很有《水浒传》中牛二的态度。

……

鲁迅的一番苦心，给了人们以警示，给了人们以启迪。自大的人，其骨子里是自欺欺人的精神胜利法，遇到了压迫不敢反抗强权，只能欺负弱者。这样的人容易丢掉自己的节操，成为一个卑微的、没有骨气的人。

人生在世，少一些自大，多一些自知之明；少一些骄傲，多一些谦虚，才是正确的涉世之道。人们常说："天不言自高，地不言自厚。"自己究竟有无本事，本事到底有多大，别人都看在眼里。千万不能像夜郎国的国王那样，既自大又无知。

汉朝的时候，在西南方有个名叫夜郎的小国家。它虽然是一个独立的国家，但是国土面积并不大，人口也不多，物产更是不丰盛。夜郎国临近地区还有几个更小的国家，同它们相比夜郎国是最大的，于是从来没有离开过国家的夜郎国国王便天真地以为自己的国家就是全天下最大的国家了。

有一天，夜郎国国王与部下巡视国境的时候，他指着前方问部下们："这里哪个国家最大呀？"部下们为了迎合国王的心意，说道："当然是我们夜郎国最大啦！"往前又走了一段距离，国王抬起头，望着不远处的高山问部下们："天底下还有比这座山更高的山吗？"部下们回答说："没有。"后来，他们来到河边，国王又问："这可是世界上最长的河川了。"部下们异口同声地回答说："大王说得对。"从此以后，无知的国王就更相信夜郎是天底下最大的国家。

有一次，汉朝派使者来到夜郎，途中先经过夜郎的邻国滇国。滇王问

第二章 跟鲁迅学傲骨——傲气可无,傲骨必有

汉朝使者:"汉朝和我的国家比起来哪个大?"使者一听吃了一惊,他没有想到这个小小的国家,竟然无知的自以为能与汉朝相比。使者又来到了夜郎国,骄傲又无知的国王竟然不知天高地厚也问使者:"汉朝和我的国家哪个大?"殊不知,他的国家也就相当于汉朝的一个县而已。

在现实生活中,总有一些人像夜郎国的国王那样狂妄自大、坐井观天,他们也因此很容易遭到别人的鄙夷。退一步讲,即使他们有一定的能力,有自大的资本,但他们难道不知"天外有天,山外有山"的道理吗?妄自尊大,总想出人头地露一手,最后只会栽大跟头。我们要对自己有一个正确的认识,既要看到自身的优点,也要看到自身的弱点,这样才能在竞争激烈的社会中生存下去。

因为生存竞争太激烈,南亚地区的一个大象部落被迫向北迁徙,最后选定了东亚的一片丛林为落脚点。在东亚的这一片丛林里,一直都只生活着一些小动物,诸如兔子、狐狸、松鼠等。大象是陆地上最大的动物,来到这个小动物的世界里,就更显得庞大了。在驻扎下来的第二天,大象首领就颁布了三项规定:第一,所有大象,不得对其他动物说大象是陆地上最大的动物;第二,所有大象,都不得因为自己块头大而趾高气扬,更不得欺侮其他动物;第三,所有大象外出时,都必须用树枝掩盖全身,只露出头部,以使自己显得尽可能小。此三项规定一出,大象部落里一片哗然,尤其是第三项。很多大象都表示不能接受。

"我们是最强大的,我们有什么需要顾忌的?又有什么值得担心的呢?"

"我们本来就是陆地上最大的动物,我们为什么不可以光明正大地说出来呢?"

"执行这样的规定,有失我们大象的脸面!"

一阵喧闹之后,大象首领站出来说话了:"这片丛林一直都只生活着小动物,我们的出现,无疑会让他们感到不安,如果他们看到我们如此庞大,一定会本能地防备我们,将我们看作敌人。那样的话,我们就一个朋友也交不到,更无法得到外界的帮助。如果所有的小动物们结盟,将我们视为共同的敌人,我们的处境将十分糟糕,甚至可能会失去立足之地。我们的确有强大的力量,但这种力量要悄悄地、不动声色地使用。表面上,我们要对所有小动物都充满友爱,逐步将他们团结在我们的周围,听从我们的号召,而不能让他们结盟来对付我们。"

做人做事一定要谦虚,不能妄自尊大。谦虚是一种积极有力的能量,如果妥善运用,能够使人类在精神上、文化上或物质上不断地提升与进步。只有学会谦虚,不妄自尊大,才能不至于成为众矢之的。

7.将羞辱化为前进的动力

社会是残酷的,社会中的人也是复杂的。人生在世,总有身处劣势的时候,而在这时遭受些羞辱也是在所难免的。但是,我们应该怎样正确对待这些羞辱呢?我们要懂得,羞辱是生命中的珍宝,它给人奋发向上的力量。有人说:"苦难是一种财富,贫穷是一种激励,疾病是一种反思,羞辱则是一种动力,这种动力能够促使人崛起。"有傲骨的人能经受住他人的嘲笑和羞辱,这不仅对他们几乎造成不了任何伤害,反而会激发他们鼓足奋斗的勇气。

第二章 跟鲁迅学傲骨——傲气可无,傲骨必有

鲁迅家道衰落后,再也不能像之前那样天真无邪地、自由自在地玩耍嬉闹了。不过,他有时也会到堂房的叔祖母子传太太那里,跟他们夫妇二人闲谈,以排遣自己内心的忧愁和烦恼。

有一次,鲁迅说起自己有许多东西需要买,就是没有钱。子传太太便怂恿他说:"母亲的钱,你拿来用就是了,还不就是你的么?"鲁迅说母亲已经没有钱了,子传太太说可以拿首饰去变卖;鲁迅又说首饰也没有了,子传太太接着说:"也许你没有留心。到大橱的抽屉里,角角落落去寻去,总可以寻出一点珠子这类的东西……"鲁迅觉得她的话里似乎有些恶意,便不到那里去聊天了,但是不到一个月的光景,鲁迅就听到一则流言,说他已经偷了家里的东西去变卖。听了这话,鲁迅感到很气愤也很寒心,有如掉在冰水里一样。

父亲去世后,鲁迅就代表自己的一家,和族中的十多户人家议事。这些名分上是长辈的人,常常讥讽和欺侮鲁迅,还把周家最坏的房子分给了鲁迅一家。有一次,大家族开了一个会议,要鲁迅表态。鲁迅说要请示还在狱中坐牢的祖父,但话刚出口,便招来了许多恶意的眼光。那些眼光就像是烧红了的针一样,狠狠地刺伤着他的心。

周家人尚且这样,更不用说其他人了。无论鲁迅是进当铺,还是去药房,总会遭到路旁闲人的指指点点以及轻蔑讥笑。他们如同苍蝇一样,一直恶心着鲁迅。这种种的一切对于一个13岁的孩子来说,无疑是种极大的羞辱。

然而,鲁迅看清了他们的冷酷与阴险的嘴脸,像成年人一样承担起了家庭的责任。面对种种羞辱,他只有咬紧牙关,将这一切都忍受了下来。即使跨进了家门,将那在当铺的轻蔑和歧视中换来的钱交给母亲时,他也从来不说什么。遇到父亲发脾气摔东西时,他也总是转身离开。他把一切伤害都咽到了自己的肚子里。

鲁迅开始厌烦他曾经迷恋过、沉醉过的家乡,看透了那些人的嘴脸,再也不愿意和他们一起生活,也绝不愿意去学做幕友。他决定离开家乡,去走一条不同寻常的路。

在现实生活中,年轻人刚刚踏入社会,难免会遇到一些折磨,也会遇到一些羞辱。此时,你不应该忘记羞辱,也不能让仇恨蒙蔽了双眼,而是通过这种羞辱勉励自己,鼓舞自己,让自己努力改变现状,出人头地。在打击和嘲笑面前,我们不应该屈服,而是应该如鲁迅般保持一身傲骨,越是有人打击,自己就越要坚强。我们要将别人的打击伤害与羞辱转化成前进的动力,将其看作人生一笔宝贵的财富。

有一年,陈玮跟着父母来到美国的孟菲斯生活。那时候,美国的孩子根本瞧不起中国人,所以在学校里,陈玮经常受到同学们的嘲弄与羞辱。

有一次,老师在课堂上讲解航空知识,陈玮对这部分内容很着迷,听着听着就入神了。老师看到陈玮一动不动,以为他"走神"了,就故意问了他一个问题。陈玮想都没想地说:"我在想我怎么样才能做一名飞行员!"班上的美国同学听了之后,都大笑了起来。在他们看来,中国人在美国只能是苦力,只能做一些类似刷盘子洗碗的粗活。他们嘲笑陈玮说:"你这个中国人想做飞行员?去唐人街洗盘子还差不多!"

陈玮一下子不知所措起来。不过,他没有跟那些美国同学做口舌之争,而是心里暗暗发誓:"我将来一定要做一位了不起的飞行员,驾驶飞机环绕全球!"

自此以后,陈玮更加用功学习了。不仅如此,为了保证自己"中国人"的身份,他多次强烈反对父母将他签为美国国籍。陈玮对父母说:"我以后一定会做出成绩给大家看的,但我希望在那时,我依旧是一个真正的中国人!"

父母被他的上进心和爱国情感动,此后再也没有提出改国籍的事情。

第二章 跟鲁迅学傲骨——傲气可无,傲骨必有

高中的时候,陈玮想要报考飞行员,但那时有规定,没有本国国籍的人考飞行员要交纳一笔很大的费用。可是陈玮的父母根本拿不出那么多钱,此时,他的老师对陈玮说:"加入美国国籍吧,那样就可以免费报考了!"

陈玮没有听从老师的建议,依旧立志要用中国人的身份实现自己的理想!由于不能报考飞行员,陈玮便进入了孟菲斯的一所商业学院就读。毕业后,他创办了自己的公司,经过十多年的打拼,他成为了田纳西州屈指可数的富人。

在这时,陈玮觉得是时候去实现多年之前立下的志向了。于是,他将公司托付给了几个值得信任的高管进行管理,自己则将所有时间都花费在学习驾驶飞机上,同时,他还买了一架法国制造的单引擎SocataTt3M7(H)飞机。接下来,他一边练习驾驶技术,一边联系各国起降的问题,为自己的环球飞行做准备。经过几年的努力,他终于完成了所有的准备工作,从孟菲斯出发,开始了环球飞行之旅。

陈玮从孟菲斯一路往东,经欧洲、中东、中国等21个国家和地区,经停40个城市,经过两个月的努力,终于完成了环球飞行的目标,成为"中国环球飞行第一人"。

大文豪巴尔扎克曾说:"世上所有德行高尚的圣人,都能忍受凡人的刻薄和羞辱。"人在赞许面前往往容易迷失自我,而讥讽会让人变得清醒冷静,永远不要让羞辱的冷水激怒自己。每个人都要把羞辱看成是一种心灵的洗礼,被一盆冷水冲刷,梦想会更明朗,信念也就会更加笃定。我们要感谢那些羞辱我们的人,因为他们的羞辱,我们内心那股奋起的能量才会被完全激发出来,信念也会更加的坚定。我们要用那些羞辱的话鞭策自己不断努力改变现状,朝着成功迈进,最终实现自己的价值!

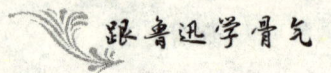

8.屈尊做人,不会降低人格

《论语》中说:"不耻下问。"意思是说,不以向地位比自己低的人请教问题为耻。人要学会屈尊,就是地位高的人降低身份,放下架子去做某件事情,而不把它视为耻辱。屈尊做人的态度是人生的大智慧,可以增添你的人格魅力,赢得他人更多的尊重。

鲁迅懂得屈尊做人的智慧。北大有个学生,名叫冯省三,是个有些鲁莽却又不拘小节的人。有一天,他跑到鲁迅先生家里,往床上一坐,便将两脚跷起来对鲁迅说:"把我这双破鞋拿去修修。"鲁迅先生毫不迟疑地将破鞋拿去修,修好回来还替他穿到脚上,冯省三连句谢谢也没说就走了。有人问鲁迅先生这件事是不是真的,鲁迅回答说:"有这回事!"还说:"山东人真是直爽啊。"

其实,鲁迅的这种品质,早在童年的时候就表现了出来。童年的鲁迅活泼好动,经常跟其他小孩子一起玩耍。有的时候,他甚至不顾自己的身份,去戏台上充当一个小小的鬼卒。

鲁迅小的时候,南方的小城镇还是很落后的,并没有专门用来演戏的剧场,而且每次演戏,都带有一点封建社会中祭祀性质的舞乐,还都供着神位。至于大戏和目莲戏,不但要供神,还要请鬼。这种戏总是在开阔的田野里演出,并有一个请鬼的仪式。年少的鲁迅就曾亲自参加过这种仪式。那一天,戏子先扮好一个鬼王,兰面鳞纹,手执钢叉,随后便要从观众中招募19名孩子充当鬼卒。鲁迅积极踊跃地应募,跟其他的孩子一起上了台。画好妆后,手拿一柄钢叉,跟其余的鬼卒们一拥上马,直奔野外孤坟旁边,匆匆地环绕三匝后,便下马大叫,将钢叉用力刺进坟墓,然后持叉而回,上了前台,又大叫一声,将钢叉一掷,钉在台板上。这样就算是把

第二章 跟鲁迅学傲骨——傲气可无,傲骨必有

孤魂厉鬼都请来看戏了。孩子们演完之后,就可以洗干净脸回家了。

那时的鲁迅是官宦之家的少爷,凭他的身份参加这种扮鬼请鬼的"粗野"仪式,在当时应该是实在不合"规矩"。但是鲁迅却完全不在乎这些,只想在其中领略童真的快乐。

平心而论,冯省三这件事情做的实在有些失礼。但从这件事中,我们也可以看出鲁迅的大度,对于青年人的包容。这就是屈尊做人的大气。

古之成大事者,不唯有凌云之志,亦有招揽天下英才之大气。屈尊做人的态度是古人"礼贤下士"常用的方式,其效果非常显著,正如那句话所说:"周公吐哺,天下归心。"

信陵君魏无忌,与春申君黄歇、孟尝君田文、平原君赵胜并称战国"四君子"。信陵君魏无忌为人仁爱宽厚,懂得礼贤下士,因此士人争相前往归附于他,其门下最多曾有三千食客。当时的魏无忌威名远扬,连续十几年的时间,其他诸侯国都不敢轻易发兵进攻魏国。

魏国有个隐士,名叫侯嬴,当时已经七十岁了。因为家境贫寒,他只当上了一个守门的小官。魏无忌听说这个人很有才能,便带着一份厚礼前去拜访。但是侯嬴没有接受礼物,对魏无忌说:"我几十年来修养品德,坚持操守,虽然还是官小,经济贫困,但是我不能因为这个原因就接受您的厚礼。"

有一次,魏无忌大摆酒席,宴饮宾客。等大家来到宴席上坐定之后,魏无忌带着车马以及随从人员,空出车上的左位,亲自到东城门去迎接侯嬴赴宴。当时的人以左为尊,侯嬴稍微整理了一下破旧的衣帽,就直接坐到了车子上的左位上,丝毫没有客气的意思。其实,他是想通过这个测试,看一看魏无忌的态度。然而,魏无忌亲自握着马缰绳,没有一丝不满,反而更加恭敬了。侯嬴又对魏无忌说:"我有个朋友在街市的屠宰场,望能委屈一下公子的车马载我去拜访他。"魏无忌立即驾车前往街市。侯嬴下车去见他的朋友朱亥，故意久久地站在那里，同朱亥聊天，同时斜睨缝着眼观看魏无忌，暗暗地观察他的脸色。只见魏无忌面色温润，没有一丝不悦。

　　与此同时，酒席上魏国的将军、丞相、宗室大臣以及高朋贵宾已坐满堂上，正等着魏无忌举杯开宴。而街市上的人看到魏无忌手握缰绳替侯嬴驾车，都非常诧异。魏无忌的那些随从更是暗地里责骂起了侯嬴。侯嬴看到魏无忌面色始终不变，于是就跟朱亥告别上了车。

　　来到了信陵君的府邸，魏无忌领着侯嬴坐到上席，并向全体宾客恭敬地介绍侯嬴。满堂宾客都十分惊异，正在大家酒兴正浓时，魏无忌站起身来，走到侯嬴面前举杯向他祝寿。

　　侯嬴趁机对他说："今天我为公子尽力也够了。我只是城东门看门的小官，可是公子委屈车马，亲自在大庭广众之中迎接我，我本不该再去拜访朋友，今天公子竟屈尊陪我拜访他。可我也想成就公子的名声，故意让公子的车马久久地停在街市中，借拜访朋友来试探公子，结果公子愈加谦恭。街市上的人都认为我是小人，而公子是高尚的人，能礼贤下士啊！"在这次宴会散了后，侯嬴便成了魏无忌的上客。

　　信陵君屈尊发现了人才，留住了人才，足见其人格之伟大。而西汉时期的汉文帝不以皇帝的尊位骄横，降低自己的身份，到周亚夫的军营中，恭谨肃敬的慰问将士，也成为了美谈。

　　汉文帝在位时，匈奴势力很强大，时常大举入侵边塞。汉文帝派刘礼带兵驻扎在灞上，徐厉驻扎在棘门，周亚夫带领军队驻扎在细柳，以阻击可能南下的匈奴军。汉文帝亲自到细柳慰劳将士，当他的前导军士到达细柳军营门外，对内宣说皇帝即将到来时，那里的守军竟不准汉文帝一行人进入。前导军官说:"皇上马上就要到了!"驻守在细柳的军门都尉说:"在我们军营当中,只有一个将军,我们只听将军的命令,而不听从天子的命令。"汉文帝没有办法,只好派人拿着旌节作为信物,去传召周亚夫,说:"朕要进军营慰劳将士!"周亚夫见到旌节之后,才下令打开营门,迎接皇帝。汉文帝临进门的时候,守门的士兵又说:"周将军有令,军营内不许快马行车。"于是,汉文帝按住车辔,缓缓地前进。车到军营时,周亚夫手里握着兵器,对汉文帝揖手致礼,说:"戎装在身的武士,不施叩拜礼。请允许我用军人的礼节,与陛下您相见。"文帝听了,立即改变仪容,神情肃穆的赶紧俯身凭车还礼,并传旨:"向周亚夫表示谢意。"君臣行礼完毕,汉文帝就起驾出了军营。

随从的群臣,都感到震惊,汉文帝感叹道:"周亚夫才是真将军啊!在这以前,我去霸上、棘门这两处军营的时候,出入都十分随便,简直就好像是做儿戏一般。万一有人来劫营,驻守在那里的将士,不就都成了俘虏了吗?像周亚夫这样纪律严明,敌人怎么能轻易得到进犯的机会呢?"之后,汉文帝称赞了周亚夫好长的时间。

古人说:"不谄上而慢下,不厌故而敬新。"说的就是,待人时不应用卑贱的态度去巴结逢迎有权势、有钱财的人,也不应怠慢经济条件较差,社会地位不高的人。每个人都有自己的人格,而人格本就没有高低贵贱之分。在与人交往时,要把握一个前提,人格不受歧视,不被侮辱,要求平等。懂得屈尊的人,非但不会降低人格,反而使得人格更加伟大了。这难道不是我们应该学习的吗?

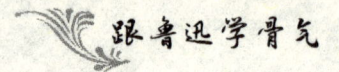

9.放下架子心地宽

架子是一种虚荣心,一种自高自大、装腔作势的作风,一种无形的精神枷锁。有架子的人傲气很盛,让他人很难接近;有架子的人总是在摆谱,炫耀身份和威风,让人看起来既庸俗又浅薄。俗话说:"骡马架子大了能驾辕,人架子大了不值钱。"可见,人们并不喜欢那些摆架子的人。放下架子,不仅能够使我们认清自己、看清道路,还能使我们广结人缘。放下架子的人,才会给他人留下好的印象。

年近九旬的俞芳老人在回忆鲁迅先生时说:"有人说,鲁迅先生性格乖戾,一般人很难与之相处,但事实上,鲁迅先生给我的印象却是非常平易近人。有一个叫二秃子的人力车夫,住在附近的一个破庙里,鲁迅先生经常坐他的车。每次回来,鲁迅先生给他的车费总是最多的。鲁迅先生常说:'人家是要养家糊口的。'还说:'一个人平时用钱不可浪费,能节省的地方,应该尽量节省,但克扣劳力的钱是不应该的。'"

萧红在《回忆鲁迅先生》中的节选:

鲁迅先生的笑声是明朗的,是从心里的欢喜。若有人说了什么可笑的话,鲁迅先生笑得连烟卷都拿不住了,常常是笑得咳嗽起来。……

饺子煮好,一上楼梯,就听到楼上鲁迅先生的明朗的笑声冲下楼梯来,原来有几个朋友在楼上也正谈得热闹。那一天吃得是很好的。以后我们又做过韭菜合子,又做过合叶饼,我一提议鲁迅先生必然赞成,而我做得又不好,可是鲁迅先生还是在饭桌上举着筷子问许先生:"我再吃几个吗?"

因为鲁迅先生的胃不大好,每饭后必吃"脾自美"胃药九一二粒。

有一天下午,鲁迅先生正在校对着一本别人的著作,我一走进卧室

第二章 跟鲁迅学傲骨——傲气可无,傲骨必有

去,鲁迅先生便从那圆转椅上转过来了,向着我,还微微站起了一点。

"好久不见,好久不见。"他一边说着一边向我点头。

我很疑惑:"刚刚我不是来过了吗?怎么会好久不见?就是上午我来的那次周先生忘记了,可是我也每天来呀……怎么都忘记了吗?"

只见鲁迅先生转身坐在躺椅上自己笑起来,他是在开着玩笑。

"平易近人"一词是中国流传二千多年的一句礼话,出自西汉·司马迁的《史记·鲁周公世家》:"平易近民,民必归之。"寓意人与人之间和蔼可亲、谦虚理解、没有架子。鲁迅先生跟我们常人是一样的,同样也具有喜怒哀乐。他的笑声透露出平和,具有亲和力,很大众,完全看不出他是一个严肃的、高不可攀的人。

现实生活中,一个人一旦放下了架子,便会虚心向别人请教,善意接受他人的建议,谦和地与人交往,拉近人与人之间的距离。人们都愿意与这样的人相处,他们自然也会受到人们的尊重。

明代的徐阶30岁不到就担任了浙中督学的职务,负责考试的相关事宜。一次,有个考生在作文中用了"颜苦孔之卓"的典故,意思是说,颜回对孔子学说的深奥苦于理解。徐阶用笔将这句画去,批了"杜撰"两个字。将文章列入第四等。发榜时这个考生拿书卷向徐阶请示说:"先生对我的教育诚然是应该的,但这个典故出自扬雄的《法言》,实在不是学生杜撰。"徐阶听了考生的话后,马上站起来说:"本人侥幸早些获得了功名,没有好好地做学问。今天感谢你的这番指教!"于是,他将考生的成绩改为"一等"。许多人听说了这件事,纷纷称赞徐阶有肚量。皇帝听说了这件事,更是将他召入京城做官。

无独有偶,也是在明代,一个考生因用了"为舜也父者,为舜也母者"的句子,被主考官批为"不通",因而得第四等。当考生指出这两句出自

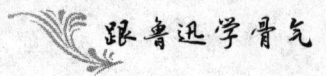

《礼记·檀弓》篇时,主考官大怒说:"偏是你一个人读过《檀弓》?"反而把考生从第四等又降至第五等。人们无不嘲笑此考官的为人,皇帝知道后,把这个人的官职撤掉了。

前者从善如流,不仅没有因为一时的失误给自己带来丝毫损失,还博得了胸襟广阔的赞誉,就因为有了这样的智慧和肚量,徐阶才能成为宰辅。后者为了面子,明知自己错了,还恼羞成怒地斥责别人,结果不仅让人笑话,还失了官职。所以,当下属已指出自己的错误时,不妨学习徐阶的智慧和度量。放下自己的架子,得到更多的支持者。

如果你是一个公司的领导,整天端着架子,给人以高不可攀的形象,不懂得与下属交流,或是一见下属就滔滔不绝地发表自己的意见。那么你在下属的眼里就是一个没有亲和力的上司。而当你放下架子,用谦和的态度接受下属的意见或建议时,下属绝不会认为你无能,反而会欣赏你虚怀若谷的精神。放下架子,不仅是成熟的表现,还是提高个人魅力的方式。没有架子的领导,才会更加平易近人,为下属所敬重。

张华原先在一家公司做部门主管,在一个偶然的机会下认识了一家酒店的老板。这个酒店的老板非常欣赏张华的才干,于是就开出了丰厚的条件,将张华"挖"了过来。就这样,张华当上了酒店的经理,每个月还能拿到不菲的薪水。

没过多久,原先公司的李总打电话说请张华吃饭。张华感到非常意外,离开了原单位哪还会有这样的好事情呢?见面之后,李总笑容可掬,情绪甚高,跟张华谈起了自己的创业经历,谈起了创业中的酸甜苦辣。张华见状,更加迷惑不解了,他想不到曾经的李总会这样与自己推心置腹地谈话。谈完了往事,李总开始询问张华的近况。

张华将自己的近况跟李总说了说,还告诉李总:"按初步估计,在年内

第二章 跟鲁迅学傲骨——傲气可无,傲骨必有

就能盈利50万了。"李总微微笑道:"50万吗?我认为那太少了!"张华愣了一下说:"就这么一个小酒店,能赚到这些就已经很好了。"

李总正色道:"我认为你一年内应该能赚几百万,你太不自信了。这个小地方根本藏不下你,你在这儿是大材小用了,你还是回来跟我干吧!"

张华心里也说不出什么滋味,他对李总说:"您不是在开玩笑吧?我刚离开原公司没几天,你现在就让我回去。"

李总慢慢地说:"我当初不知道你要辞职,如果我知道的话,我是不放你走的!"

张华有些为难道:"我连公司的房子都退了,回去哪还有职务啊?"

原老板哈哈大笑:"你错了,既然我能来请你回去,怎么会不给你安排职务呢?你考虑一下,我等待你的答复!"

后来,张华果然返回了公司。一年后,他为公司创利几百万,荣升为公司的副总。

李总如果不放下架子请回张华,那么公司就会损失一个人才。他放下架子求贤的行为不仅能够让他获得人才,还将帮助他留下更多的人才。

生活中,尤其是有些地位、成就的人,更应该放下架子,才能提高人格,才能提高亲和力,才能赢得合作,才能赢得他人尊重。放下架子,不是嘴上说说就可以的,要从内心真正的放下。表面上放下架子的人,在与人相处时,会给人一种不真实、虚伪的感觉。只有真正放下自高自大的心理的人,才能真正地谦和起来。

第三章

跟鲁迅学自省

——审视自我,提升品格

> 自省是一面镜子,任何人都可以从中看到自己的影像。因此,我们要在自己的言行中,不断地审视自己,这样才能更好地对自己有一个全新的认识,才能找出自己的不足和错误之处。进而才能改变自己,提升自我品格,在人生道路上昂首挺胸的向前迈进。

1.战胜自己,别人才会看得起你

鲁迅曾说:"改造自己,总比禁止别人来得难。"他给我们的启示是:人们总是很容易苛求别人,但却不容易改造自己,去适应别人。进一步说,人的一生有无数个敌人,其中最大的敌人是自己。人只有战胜了自己才能战胜他人,才能成为最大的胜利者。

高尔基说:"最伟大的胜利——战胜自己。"现实生活中,每个人都是在不断战胜自我的过程中走向成熟。在这过程中,有的时候需要战胜平庸;有的时候需要战胜挫折;有的时候需要战胜懒惰……

人是不断变化发展的,我们需要不断更新、不断完善对自己的认识,才能使自己变得更好和更完美。每个人都应该正确认识自己,用全面的、发展的眼光看自己,用信心战胜眼前的一切困难,就能成为生活的强者。

波恩和嘉琳是一对亲兄弟。有一次,他们遇到了火灾事故,幸运的是,消防员将他们二人从废墟中救了出来,他们才没有丧命,不幸的是,大火将他们烧得面目全非。此后,波恩对生活失去了信心,失去了生活下去的勇气。嘉琳多次劝说波恩:"在这场大火中,只有我们两个人活了下来,所以我们的生命很珍贵,要好好地活下去。"

兄弟二人出院后,因为面目丑陋,经常受到他人的讥讽,波恩因无法忍受这些,最终选择了自杀。而嘉琳则默默地忍受着冷嘲热讽,坚强地活了下来。他一次次地提醒自己:"我生命的价值比任何人都高。"

有一天,嘉琳跟往常一样运送货物到加州,半路上发现有个人从桥上跳进了河里。嘉琳立即停车,跳进河里,将他救了上来,自己还差点被大水吞没。

被救的那个人是个亿万富翁,非常感激嘉琳的救命之恩,于是就邀请嘉琳跟自己一起做事业。就这样，嘉琳从一个普通的货运司机，成了一个拥有亿元资产的运输公司的老总。有了钱之后，嘉琳整了容。

人生最大的挑战，就是挑战自我，因为人生最大的敌人是自己。只要在最困难的时候战胜自己，就能顶住外来的一切压力，成就一个成功的自己。

有位作家说得好："自己把自己说服了，是一种理智的胜利；自己把自己感动了，是一种心灵的升华；自己把自己征服了，是一种人生的成熟。"大凡说服了、感动了、征服了自己的人，就一定有力量征服一切挫折、痛苦和不幸。而要想战胜自己，还应该控制好自己的情绪和欲望。

美国船王哈利曾对儿子小哈利说："等你到了23岁，我就将公司的财政大权交给你负责。"但到了小哈利23岁生日这天，老哈利却带着他走进了一家赌场，并给了他2000美元，让他去赌博。老哈利还告诉小哈利，无论如何不能把钱输光。

小哈利连连点头，但是老哈利还是不放心，反复叮嘱他，一定要剩下500美元。小哈利信心满满地拍着胸脯答应下来。进了赌场之后，年轻的小哈利很快就将父亲的话忘得一干二净，最后输光了所有的钱。走出赌场之后，小哈利非常沮丧。

老哈利对小哈利说："你还要再进赌场，不过这次的本钱我不会给你，需要你自己去挣。"接来下，小哈利花了一个月的时间打工挣钱，挣到了700美元。当他再次走进赌场的时候，他给自己定下了规矩："只能输掉一半的钱，到了只剩一半时，我一定离开赌场。"

事实上，小哈利又一次失败了。当他输掉一半钱的时候，他没有选择离开，而是又将所有的钱都押了上去，输了个精光。老哈利在一旁看着他，没有说一句话。走出赌场后，小哈利对父亲说，他再也不想进赌场了，

第三章 跟鲁迅学自省——审视自我,提升品格

因为他的性格只会让他把钱全都输光,他注定就是一个输家。

然而,老哈利却不这样认为,坚持要小哈利再去赌场赌博。老哈利说:"赌场是这个世界上博弈得最激烈、最无情、最残酷的地方,人生亦如赌场,你还应该继续下去。"

小哈利又花了一阵子时间打工,挣了一些钱,第三次走进赌场。这一次,他还是照样输钱,但是他吸取了之前的教训,不再那么冲动,而是冷静、沉稳了许多。等钱输到一半的时候,他毫不犹豫地离开了赌场。虽然输了一半的钱,但看到手里还剩下的一半,小哈利的心里依然有了一种赢的感觉。因为这一次,他战胜了自己。

老哈利看到小哈利的喜悦,对他说:"你以为你走进赌场,就是为了赢别人吗?不是的,你要先赢的是你自己。只有控制住自己,你才能成为真正的赢家。"

从此以后,小哈利每次走进赌场,都严格要求自己,输掉10%时,一定要离开赌场。再之后,熟悉了赌场的小哈利竟然开始赢一些钱了。小哈利非常高兴,以至于得意忘形,又忘记了父亲的嘱咐。他没有离开赌场,而是继续赌博,虽然又赢了一些钱,但最后还是输光了。

小哈利惊出一身冷汗,这才想起父亲的忠告。如果当时他能听从父亲的嘱咐离开,他将会是一个赢家。可惜,他错过了赢的机会,又成了一个失败者。

一年以后,小哈利又去了赌场,这一次,他将输赢都控制在10%以内。不管输到10%,或者赢到10%,他都会坚决离开赌场,即使在最顺的时候,他也是如此。

老哈利看了很欣慰,因为他知道,在这个世上,能在赢时退场的人,才是真正的赢家。于是,他果断地将上百亿的公司财政大权交给了小哈利。

小哈利倍感吃惊,说道:"我还不懂公司业务呢。"老哈利却一脸轻松地说:"业务不过是小事。世上多少人失败,不是因为不懂业务,而是控制

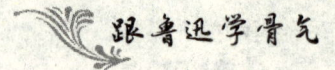

不了自己的情绪和欲望。"

能否战胜自己,不仅体现在事业和工作中。在生活和交往中,同样也需要控制情绪和欲望,克服和改正陋习。能否做到这些,反映出一个人的性格、意志和修养,以及对克服困难的态度和决心!战胜了自己,往往意味着掌控了成功的主动权,这样的人才是难得的人,是值得信赖的人,是真正了不起的人。

2.正视缺点,接纳自己

鲁迅先生说过:"我的确时时在解剖别人,然而更多的是无情地解剖自己。"鲁迅先生这句话反映出了一个道理,那就是在看到别人不足的同时,也应该看到自己的不足,并且不断地去克服自己的不足。俗话说:"金无足赤,人无完人。"没有人是十全十美的,每个人总会有这样或是那样的缺点与不足。因此,我们要学会正视自己的缺点。

古代哲学家苏格拉底的那句"认识你自己",看似简单而又浅显,却蕴涵了希腊人民无穷的智慧,直到今天还时刻提醒着人们要认识自我、把握自我、实现自我。然而,在现实生活中,每个人都主观地认为自己是完美无瑕的,看到的总是他人的缺点,嘲笑的总是他人的短处。这样无法正确认识自己,看不到自己的不足的人,必然不会有太大的发展。

有一天,众神之王宙斯说:"所有动物听旨,如果谁对自己的相貌体形有意见,今天可以提出来,我将想办法给予修正。"

第三章 跟鲁迅学自省——审视自我，提升品格

宙斯先问猴子："猴子，你先说，你与其他动物相比，觉得谁更美，你满意你自己的形象吗？"

猴子回答道："我的四肢完美，相貌至今也无可挑剔，对此我十分满意，比较而言，我觉得熊老弟的长相就粗笨了些。"

这时，熊蹒跚地走上前来，大伙以为它会承认自己其貌不扬，谁知它却吹嘘说自己外表威武，同时又去评论大象，说大象尾巴太短，耳朵太长，身体蠢笨得简直没有美感可言。

老实的大象听了这番话，言辞恳切的说："以我的审美观来看，海中的鲸要比我肥胖多了，而我觉得蚂蚁太小……"

这时，细小的蚂蚁抢着说："微生物更小，和它们比，我像是一头巨象。"

这些动物相互指责，没有一个肯承认自己有不足之处。无奈之下，宙斯只好挥手让它们退下。

缺点人人都有，但若自己看不到自己的缺点，那么你的人生就是不丰满的。生活中，"不如意者十之八九"，那些抱着正确的态度，敢于正视自身缺点的人，必将获益匪浅。正视自己的缺点，能让你摆脱阴影，向着阳光的地方前进；能激励你扬长避短，向着成功的港湾停泊。

有缺点并不是坏事，只有承认这点不足，才能弥补不足，才能提高自己。有的时候，缺点甚至还会成为你的优势、闪光点。要知道，断臂的维纳斯因为她的残缺美，不仅征服了西方，也征服了全世界；月亮也因为阴晴圆缺，而变得丰富多彩起来。

在一座寺庙里，有一个和尚每天都要挑着两个水桶到山下挑水。他的两个水桶，一个是完好无损，一点儿也不漏水；而另外一个则有一条长长的裂缝，经常会漏水。每次等他将水挑到寺里的时候，那个破桶里的水就

只剩下了一半。为此,那个完好无损的水桶总认为自己比那个破水桶强百倍,一想到这儿,它就感到非常骄傲。而那个破水桶则因为自己的缺陷感到惭愧和自卑。

有一天,破水桶对和尚说:"我为自己感到惭愧,我想跟你道歉。"

和尚笑着说:"你为什么会感到惭愧呢?"

破水桶答道:"每次我都只能运半桶水,你尽了自己的全力,却没有得到你应得的回报。"

和尚听完水桶的话,对它说:"在回去的路上,你发现那些美丽的花了吗?盛开的那些花都长在你这边,而没有长在好水桶的那边。我经常摘下那些美丽的花去装饰我们的房子。试想,如果没有你,我们的房子也不会这样美丽!按理说,我应该感谢你才对啊。"

破水桶听完和尚的话,觉得自己是幸运的,于是也就不在好水桶面前感到自卑了。

敢于正视自己的缺点和不足,是勇气的表现,更是智慧的体现,只有自信心不强、缺乏责任感的人,才会把因自己的缺点造成的失败当成是别人的负担。只有在遭遇失败时,能够勇敢地承担责任并理智的评价自己和别人的人,才是真正的智者。

原一平是日本最伟大的推销员之一。舆论评价他的笑是"值百万美金的微笑"。但他刚刚当推销员时,也曾经历过种种的不顺利。在他的自传中,他讲了自己一次成长的重要契机。

有一次,他去某寺庙推销保险,一位叫吉田的和尚十分热情地接待了他。看着和尚非常耐心地听自己"游说",原一平心中窃喜,认为自己这次推销肯定是十拿九稳了。不料,当他说得正高兴的时候,和尚却蹦出这样一句话:"人啊,最好有一种第一次见面就让人记得住的东西,否则,一生

第三章 跟鲁迅学自省——审视自我，提升品格

都不会有什么成就。"

和尚的话如当头棒喝，把得意洋洋的原一平点醒了。他立即向和尚请教，和尚给他提出的建议是："赤裸裸地注视自己，毫无保留地彻底反省，然后才能认识自己。"其具体办法就是多向别人请教，尤其是向客户请教。

虽然推销不成，但是原一平得到了最好的指点。为此，他专门组织了一个"原一平批评会"——自己花钱，邀请一帮客户，定期给自己提意见。即使有时穷得不得不进当铺，但花在"批评会"上的钱他一分都没少。对他来说，客户提的意见都是无价之宝。他越来越认识到自己的弱点，每一次"批评会"，他都有被剥了一层皮的感觉。但也正是通过这一次又一次的"批评会"，他开始一点点地去除自己身上的劣根性。

一段时间之后，原一平的潜能得到了很大的发掘，他学会了如何克服弱点，如何将缺点变成优点，学会了如何处理"拒绝"以取得别人更大的信赖，怎样以不卑不亢的态度对待客户以及如何微笑等。随之而来的是他的业绩开始直线上升，公司每周举办的业绩竞赛他都名列榜首。

每个人都有优点和不足，想要正确地认识自己，就要诚实地面对自己，勇敢地接纳自己，承认自己的缺点和过失，不因自身的缺陷与不足而自卑、自轻。学会放弃对自己的偏见，因为你在生活中是会不断变化、不断发展的，有些人不愿意承认自己的不足，没有勇气接受自己的缺陷，极力掩饰或刻意伪装，这样就会形成病态人格，无法实现成功的人生。敢于正视别人的不足需要有勇气，敢于正视自己的不足更需要更大的勇气，每个人只有正视了自己的不足，才能有一个积极的人生态度，才能活得更潇洒、更有尊严。

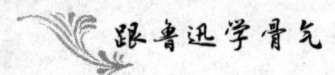

3.求变通,当自省

人生需要永不言败的信念和勇气,但并不是所有的不屈不挠和坚定不移,最终都能实现自己的抱负。因为不是所有人的努力方式都是对的。既然这种方式不一定完全行得通,我们却还要一条道走到黑,这显然不是明智之举。此时的你,应该学会适时地变通,去选择一条更为合理可行的路,这才是明智的选择。

1904年9月,心揣着学医梦想的鲁迅来到了日本仙台医学专门学校学习。在这所学校里,鲁迅认识了很多老师,听到了许多以前闻所未闻的知识,当然他也免不了要遭受日本学生的无端侮辱。一次偶然的事件,让鲁迅学医的志向发生了改变,最终让他放弃了学医的念头。那是入学后的第二年的医学课上,班级开始学习细菌学这门课程。老师用一种德国式的教育方法,通过原版幻灯片来显示细菌的形状和活动情况。这位留德医学博士喜欢在讲完了课,还没有下课的时候,给学生们放映一些实事电影。当时日本和俄国的战争刚刚结束,屏幕中大都是日本战胜俄国的镜头。

有一次,鲁迅看到了一个奇异的片段:日本和俄国的战争是在中国进行的,为的是争夺中国的领土,但是偏偏有中国人为俄国人做侦探。日军抓住了一个中国人,认为他是俄国间谍,要枪毙他。当时刑场四周有不少中国人在围观,但是看到那名中国人被斩,周围的中国人竟然麻木、无动于衷。此时,教室里有的日本学生狂呼"万岁",还有的斜着眼睛看着鲁迅,议论说:"看看中国人这样子,中国一定会灭亡。"面对此情此景,鲁迅浑身像被火烧了一样,再也坐不住了,他听到这话忽地站起来向那说话的日本人投去两道威严的目光,接着夹起书本愤然地走出了教室。

第三章 跟鲁迅学自省——审视自我,提升品格

鲁迅被这件事深深触动了,心中燃起了愤怒、屈辱、悲痛的火焰。写过《自题小像》、《斯巴达之魂》,立志"血荐轩辕"的鲁迅岂能忍受日本学生的嘲弄,岂能忍受民族尊严被践踏,岂能忍受同胞流血时无动于衷的麻木!一个被五花大绑的中国人,一群麻木不仁的看客,这些场景一一在鲁迅脑海闪过,这些无形的利刃,终于彻底割断了他"医学救国"的信念。他清醒的意识到,中国人的思想若不能觉悟,即使治好了他们的病,也只是多了一些毫无意义的示众材料和看客。没有什么病痛比精神麻木更可怕的了。鲁迅突然意识到,现在的中国最需要的是改变人们的精神面貌,医治同胞的灵魂。只有精神,才能让沉睡的祖国惊醒过来。

鲁迅最终下定决心,弃医从文,用文学艺术作为斗争的武器,唤醒麻木的中国老百姓。他跟藤野先生告别之后,带着爱,带着悲愤,离开了仙台,到了东京开始了新的人生旅程。从此,鲁迅把文学作为自己的目标,用手中的笔做武器,写出了《呐喊》、《狂人日记》等诸多作品,向黑暗的旧社会发起了挑战,唤醒了无数中华儿女,将他们联合起来,同反动派进行英勇的斗争。直到生命的最后一刻,他仍然夜以继日地写作。

变通需要有"敢冒天下之大不韪"的魄力。因为变通意味着放弃一些东西,需要面对各种压力,或来自社会,或来自世俗。鲁迅能做到"弃医从文"非常不容易,因为当时的社会风气是"实业救国",中国留学生在国外主要学习开矿、经济、法律、医学等,基本上没有人涉足文学。然而鲁迅在学习中却发现,即便自己学到了高明的医术,所救治的也只能是人的肉体,并不能唤醒人们麻木的灵魂。当他意识到无论怎样努力,都不能达到济世救国的理想时,他毅然地选择了从文。这并不是说他放弃自己的理想和目标,而是放弃了不能达到目标的努力方式。鲁迅放弃了"医学救国",选择了"文学艺术救国",这让他最终成为了受人尊重的文学家。

跟鲁迅学骨气

人是为了目标而前进的,若把目标抛在一旁,盲目地把精力投入到眼前的前进道路上,只会事倍而功半。当你意识到无论自己怎样努力,现有的方式都不能实现自己的理想时,变通无疑是最明智的选择。但变通不是懦弱,也不是回避,而是直面现实,着眼长远的一种超然态度。

在加拿大安大略省,一个年仅5岁的小男孩跟着他的父亲正行走在一条乡间小路上。

二人走着走着,眼前出现了一条半米来宽的水沟。背着沉重背包的父亲,轻轻一迈,便跨过了这条水沟,但是在他身后的小男孩却犯了难。他站在水沟另一边望着只顾前进的父亲,急得哭了起来。父亲听到儿子的哭声,呵斥他:"出什么事情了?快点跟上!"孩子很委屈。

"你确定跨不过去?"父亲问道。

孩子很诚实地说:"是的,我跨不过去!"确实,那个半米宽的水沟对于一个5岁的孩子来说,确实是一个法轻易跨过去的障碍。父亲看着儿子突然心生一计,说道:"你后退几步,用力往前冲,这样就一定能跳过来了!"小男孩照做,果然稳稳地跨过了水沟。

时光飞逝,小男孩慢慢长大了,他梦想着可以进入加利福尼亚一所好的大学读书。但是,"天有不测风云,人有旦夕祸福"。在念到高中二年级的时候,他突然生了一场大病,以至于落下了两个月的课程,等到返回学校时,已经完全听不懂老师在讲什么了。于是,他的学习兴趣渐渐消失,一个学期还没结束,他就悄悄地溜回了家。

"为什么现在回来?怎么了?"父亲质问道。

小男孩说:"我不想读书了,以我现在的成绩无法实现我的理想。"

"你确定再也无法取得好成绩了?"

"是的,我再也无法取得好成绩。"孩子很沮丧地说。

"因为生病,落下了两个月的功课,确实很难把功课赶上去,然而放弃

总不是最好的办法。不如你改变一下方式,先暂时休学,待明年重新开始。"

小男孩听从了父亲的建议,选择休学。自此之后,小男孩在家里认真学习拉下的课程,在来年开始了自己新的学习生活。因为之前在家中的努力,他一直保持优异的成绩,最终轻轻松松地考上了心中理想的大学。

人生道路的选择就是如此。当我们用一种方式为自己的理想奋斗,但却没取得成功时,完全没有必要让自己待在死胡同里。为了使自己生活得更充实,也为了能让自己取得更好的成就,我们不妨换一种方式,或许这一次就能让生命之舟驶向成功的彼岸。通往罗马的路并不是唯一的,放弃了一种努力方式,选择另外一种努力方式,同样能够领略到沿途的美景,到达终点。

4.反躬自省,懂得忘记

西方有句格言:"不要为打翻的牛奶哭泣。"当牛奶已经打翻在地后,即便你哭得死去活来又有什么用呢?最明智的做法,是平静地接受牛奶打翻在地的现实,重新给自己再倒上一杯。印度诗人泰戈尔说:"如果你为错过月亮而流泪,那么,你也将错过灿烂的群星了。"为了已经错过的过去而继续错过未来,那岂不是太愚蠢了吗?

人生不如意常十之八九,要想让自己过得轻松,就要学会忘记。人生需要拿得起,放得下,忘记是一种人生智慧。正如鲁迅所说:"我救助我自己,还是老法子,一是麻痹,二是忘却。一面挣扎着,还想从以后淡下去的

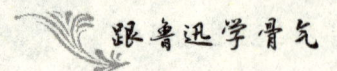

'淡淡的血痕中',看见一点东西,誊在纸片上。"

从前,有一个小和尚跟着老和尚下山去化缘,一路上,小和尚都跟着师父学习。他们来到了一条河边,正好遇上一个女子要过河却过不去,于是老和尚就将女子背过了河。女子向老和尚道谢后就离开了。小和尚心想:为什么师父要背那名女子过河呢?但他又不敢问。就这样,他们走了几十里路之后,小和尚实在忍不住了,就问老和尚:"师父,我们是出家人,为什么您要背那名女子过河呢?"师父淡淡地说:"我把她背过河就放下了,可你走了几十里路,心里还没有放下她。"

其实仔细想想,人生何尝不是这样呢?人生就像一次长途旅行,每个人都在不停地行走,沿途会看到各种各样的风景,也会经历各种各样的坎坷。如果将过去的一切都放在心上,势必会增加心里的负担,压力会越来越大。不妨一路走,一路忘记,永远保持轻装上阵。过去的已经成为过去,又何必为它耿耿于怀呢!

放不下过去的人,只会浪费当前的美好时光,失掉现在,放弃未来。正如俗话所说:"为误了头一班火车而懊悔不已的人,肯定还会错过下一班火车。"与其后悔过去,还不如为将来奋斗。

海燕、苍鹰、海鸥都听说大海是个广阔的市场,到那里能赚到很多钱,它们禁不住诱惑,都想去那里大显身手。

于是,海燕变卖所有的家当,带上了本钱;苍鹰想大海上购买食品不方便,它决定做食品生意;海鸥想海边打鱼的很多,渔具生意一定不错,于是带上几大箱渔具。就这样,它们上路了。

谁料想,一场突如其来的暴风雨,让他们的远景计划化为泡影。它们的船翻了,所有的东西都沉入海底,还好,它们三个幸运地活了下来,回

第三章 跟鲁迅学自省——审视自我，提升品格

到了陆地上。

这次打击太大，它们都不想面对这样的现实。

海燕一无所有了，它心疼那几箱钱，它心想：现在连生存都成问题了，该如何是好？海燕整天垂头丧气，低低徘徊；苍鹰也不甘心就这样失败了，它想：没准什么时候那几箱食品被冲上岸来，于是它每天在空中盘旋着；海鸥也存在着侥幸心理，没准自己的渔具被渔民打捞上来，于是每天在海边巡逻似的，看看谁在使用它的渔具。

这则寓言里的海燕、苍鹰、海鸥一直在找寻已经失去的东西，它们不能走出失败的阴影，让自己生活在过去的不快中，这样根本没有向前发展的可能。

人生短暂，恍若一瞬间，切不能马马虎虎度过。即使你无法取得大成就，至少也要活得轻松潇洒。在人生路上遇到种种难题和不如意的时候，千万不能让悲伤与悔恨占据你的心灵。忘记悲伤，忘记苦难，忘记一切让自己不愉快的事情和经历，你才能拥有更多的快乐，你的心灵才会更轻松一些，你的精神才不会有那么多负担。生活是美好的，虽然免不了有一些伤心和痛苦，但这些都是生活的色彩，需要你勇敢乐观地面对。

忘记并不是说忘记过去所有的一切，有些人，有些事，是你一生中都无法忘怀的，也是不应该忘怀的。

阿拉伯流传着这样一个故事。

阿拉伯名作家阿里，有一次和吉伯、马沙两位朋友一起旅行。三人行经一处山谷时，马沙失足滑落，幸而吉伯拼命拉他，才将他救起。马沙于是在附近的大石头上刻下了："某年某月某日，吉伯救了马沙一命。"三人继续走了几天，来到一处河边，吉伯跟马沙为一件小事吵起来，吉伯一气之下打了马沙一耳光。马沙跑到沙滩上写下："某年某月某日，吉伯打了马沙一耳光。"当他们旅游回来后,阿里好奇地问马沙,为什么要把吉伯救他的事刻在石头上,而将吉伯打他的事写在沙上?马沙回答说:"我永远都感激吉伯救我,我会记住的。至于他打我的事,我只随着沙滩上字迹的消失,而忘得一干二净"。

这个故事告诉我们,牢记别人对你的帮助,忘记别人对你的不好,才是做人的本分,才是做人应有的品格。

记住该记住的,忘记该忘记的,你的心才会没有挂碍,你才会发现生活的美好。忘记种种阴暗记忆,不要总是为过去的事感到懊悔,而是要将精力集中到今天要做什么,现在怎样享受生活,享受人生。

5.做人应该有主见

现实的确是残酷的,但一味地在意别人的态度,不仅会让自己失去原有的工作和生活准则,还会让自己陷入无尽的痛苦和烦恼之中。生活中经常可以见到一些人放弃了自己的意愿,去按照别人的标准改变自己,他们这样做,其实已经否定了自我存在的价值。因此,我们要学会主宰自己的命运,做自己的主人。选择好自己要走的路,只要自己生活得快乐,又何必在乎别人的眼光,别人的看法呢?做人要有自己的主见,不随波逐流,不活在别人的模式之中,只有这样,才能成为一个人格高尚的人。

鲁迅在一篇文章中写道:"假使有一个人,在路旁吐一口唾沫,自己蹲下去,看着,不久准可以围满一堆人;又假使又有一个人,无端大叫

第三章 跟鲁迅学自省——审视自我,提升品格

一声,拔步便跑,同时准可以大家都逃散。真不知是'何所闻而来,何所见而去',然而又心怀不满,骂他的莫名其妙的对象曰'妈的'!"那一堆人,全都是没有主见,喜欢跟风的人,看热闹,随大流,这样的生活没有意义。

生活中不乏这样的人,他们没有自己的主见,别人说什么就是什么,根本不用心去考量自己的行为。除了看看热闹,人生还有什么意义呢?

有这样一个故事。

在炎热的夏季,爷爷带着孙子去赶集。爷爷骑着驴,而孙子则在前面牵着驴。

路上有个人看到他们,说了一句:"这个小孩真可怜,在前面牵着驴走。当爷爷的怎么还能心安理得地骑在驴背上呢?"

爷爷听了这句话,觉得非常在理,于是就从驴背上下来让孙子骑上去,自己在前头牵着驴。就这样两个人又走了一段路,谁知又有人指着他们说:"这个小家伙真不孝顺啊,自己悠哉地骑在驴上,却让他的爷爷走路。"孙子觉得此人说得很有道理,于是就让爷爷也坐在了驴背上。

这时,第三个人出现了,他对同伴们说:"你们谁见过这样的事?两个人同时坐在驴背上,可怜的驴子会被压坏的。"爷爷和孙子听了他的话,只好从驴背上爬下来,都步行了。

可谁知还是有人对他们说:"我才不会像你们那么蠢呢,赶着驴走。为什么你们不骑着驴呢?"

此时,爷爷对孙子说道:"不管我们怎么做,总有人不称心,我想我们自己应该知道什么是对的。"

我们对"走自己的路,让别人说去吧"这句话耳熟能详。不要理会别人怎么说,因为即使对同一件事,也是见仁见智,不管你怎么做,总会有人反对、有人支持。保持本色,才能活得轻松、自在。照他人期望的模式生活,牺牲真正的自我,是天底下最愚蠢的事。

鲁迅说:"孩子是要别人教的,毛病是要别人医的,即使自己是教员或医生。但做人处事的法子,却恐怕要自己斟酌,许多人开来的良方,往往不过是废纸。"这句话告诉我们,不要盲从别人,做好自己即可。但是在现实生活中,真正在面对非议或是污蔑、诽谤时,我们是否真的能做到坦然以对?我们是否能抛却抱怨,真正做到有信心、有勇气去做真实的自己呢?

索尼娅是美国的著名女演员,她的童年是在渥太华郊外的一个奶牛场里度过的。奶牛场附近有一所小学,小索尼娅就在那里读书。有一天,小索尼娅脸挂泪痕的回到了家里,爸爸问她发生了什么事情。小索尼娅回答说:"班上的同学说我长得丑,还说我跑步的姿势不好看。"

爸爸听后并没有立即说话,只是微微笑了一下。片刻之后,爸爸对她说:"我能够得到咱们家的天花板。"

小索尼娅听了爸爸的话,再看看天花板,停止了哭泣,问爸爸:"你刚才说什么?"

爸爸又将刚才的话重复了一遍。小索尼娅心想:爸爸怎么可能能摸得到近4米高的天花板呢?小索尼娅无论如何也不相信,她好奇地看着爸爸。此时,爸爸笑着对她说:"你不相信吧?那你也别相信你同学们的话,因为他们说的也不一定就是正确的啊。"

小索尼亚顿时明白了,无论做什么事情,都不能太在意别人说什么,要按自己的想法去做。

索尼娅在二十四五岁的时候,已小有名气。有一次,她要去参加一个聚会,但经纪人告诉她,因为天气不好,只有很少的人会参加,会场的气氛有些冷淡。经纪人的意思是,作为新人的索尼亚,应该把时间花在一些

大型的活动上,以增加自身的名气。然而索尼亚坚持要参加这个聚会,因为她在报刊上,承诺过要去参加。结果,那次在雨中的聚会,因为有了索尼亚的参加,人渐渐变得越来越多,而她的名气和人气也因此骤升。

把握不住自己的命运的人,骨子里总有一种软弱成份,他们经常会受到他人的影响。能掌握自己命运的人,也就是能独立思考的人,才能称得上自己的主人。因为他们有自己的思想,更有自己的辨别能力,分得清事物的轻重缓急。这种人,往往能提倡一种奋起自强的精神,无所顾忌地走自己的路。

很多时候,我们会发现,自己正在做的事情明明是正确的,但旁观者却认它是错误的或是荒谬可笑的。此时,我们更要做到坚持己见,选择对自己最有利的方式,一如既往地贯彻执行,不受世俗的影响。正所谓"走正确的路,让别人去说吧"。这么做有时确实会让一些人不高兴,但如果你坚持住不动摇,就会赢得他们事后的尊敬。

蒙提·罗伯兹在圣思多罗有座牧马场,他是一个非常有心的人,常在自己的住宅中举办募款活动,为帮助青少年的计划筹备基金。

在一次活动中,蒙提在致词中讲了这样一个故事。

我把住宅拿出来举办募款活动是有原因的。这跟一个小男孩有关,他的父亲是位马术师,他从小就必须跟着父亲东奔西跑,一个马厩接着一个马厩,一个农场接着一个农场地去训练马匹。由于经常四处奔波,小男孩的求学过程并不顺利。初中时,有一次老师叫全班同学写报告,题目是《长大后的志愿》。

那晚,他用了七张纸,描述他伟大的志愿,就是想拥有一座属于自己的牧马场。他仔细地画了一张牧马场的设计图,上面标示着马厩、跑道等位置,在这一大片农场的中央,还有一栋占地4000平方英尺的巨宅。

小男孩花了很大心血才把报告完成,第二天上课时交给了老师。两天后,他拿回了报告,只见第一页上打了一个又红又大的F,旁边还写了一行字:下课后来见我。

满腹不满的小男孩下课后带着报告去找老师,他问道:"为什么给我不及格?"老师回答说:"你年纪还小,不要总想这么不切实际的事。你没钱,没家庭背景,什么都没有。你可知道,盖座农场可是个花钱的大工程,你要花钱买地,花钱买纯种马匹,花钱照顾它们。别太好高骛远了。"老师接着又说:"你如果肯重写一个比较不离谱的志愿,我会为你重新打分。"

小男孩回家后反复思量了好几次,决定征询父亲的意见。父亲只是告诉他:"儿子,这是个非常重要的决定,如果你认为你是正确的,就应该坚持下去。"

经过再三考虑,小男孩决定一个字都不改,原稿交回。他告诉老师:"即使拿个大红字,我也不愿放弃梦想。"

蒙提说完这个故事后,向在场的众人表示:"我提起这故事,是因为各位现在就坐在农场内,坐在占地4000平方英尺的豪华住宅中。那份初中时写的报告我至今还留着。"他顿了一下又说:"有意思的是,两年前的夏天,那位老师带了30个学生来我的农场露营一星期。离开之前,他对我说:'说来有些惭愧。你读初中时,我曾泼过你的冷水。这些年来,我也对不少学生说过相同的话。幸亏你有这个毅力坚持自己的梦想。'"

世界上没有完全相同的两个人,每个人都是独一无二的。而每个人也都有适合自己的人生路,不需要照着别人的模式僵硬地走下去。但不管你选择怎样的路,只要你坚持,一步一步地超越自己,成功就一定会属于你。

在人生成长的道路上，每个人都应该记住，自己就是自己，没有人能够代替。无论别人说什么，做什么，自己要有自己的主见，做自己的主人，将命运把握在自己的手里。

6.放下面子，赢得尊重

爱面子，讲面子，是人的一种本能，是正常的心理需求，本无可厚非。但生活中，有些人认为有面子就有尊严，没面子就低人一等，受人歧视，结果"死要面子活受罪"。例如，一个人遇到朋友来借钱，自己其实没有钱，但为了不让朋友瞧不起，便从亲戚那里借来钱给了那位朋友。有的人文化不高，却总摆出一副大学教授的模样，让人以为他满腹经纶；有的人宴请客人，为了显示对客人的尊重，点了一大桌子菜，觉得菜剩下的越多就越有面子；有的人明明犯了错却不承认，即使被人揭穿了，还要硬撑到底……为了维护自己的尊严，他们宁愿受罪或是有所损失。

然而，过度的要面子，就可能变成"不要脸"了。鲁迅在《说面子》中写道："'要面子'和'不要脸'有时实在很难分辨。不是有一个笑话么？一个绅士有钱有势，我假定他叫四大人罢，人们都以和他攀谈为荣。有一个专爱夸耀的小瘪三，一天高兴地告诉别人道：'四大人和我讲过话了！'人问他：'说什么呢？'答道：'我站在他家门口，四大人出来了，对我说滚开去！'当然，这是笑话，是形容这人的'不要脸'，但在他本人，是以为'有面子'的。"因此，有些自以为有面子的人，实际上是"不要脸"的人。

对于要面子，我们要辩证地看待。因为从一个角度看它，能反映出一种为人多赞赏的志气、气节，但从另一个角度看，可能就是虚伪，被他人耻笑。

在美丽的大海边上,有一只几百岁的老海龟,由于是老寿星,所以其他的海龟都对他非常尊敬。老海龟经常给小海龟们聊自己年轻时候的事情,炫耀自己遇到危险的时候是怎样安全脱险的。小海龟们非常喜欢听老海龟的故事,并对它很是佩服,称赞它"智勇双全"。

老海龟有一个特点,就是十分在意自己的形象,一举一动都小心谨慎。有一天,老海龟来到沙滩上,见几只小海龟在不远处的一块大石头上玩耍,便爬了过去。老海龟想要爬到大石头上去,表现出长者的风范,继续给小海龟们讲故事。大石头并不高,老海龟年轻的时候经常爬上去玩。然而这一次,它却是爬了几次滑下来几次,怎么也爬不上去。小海龟们对老海龟说:"你年纪大了,动作不如以前灵敏了,让我们助你一臂之力吧!"

老海龟想,自己好歹是活了几百岁的龟了,如果让小海龟帮忙,那岂不是没有面子。于是它故意笑着说:"谁说我爬不上去,再高的石头我都爬过,刚才我只不过是先热热身而已,等会儿我就能爬上去了。"

老海龟在沙滩上稍稍休息了片刻,深吸一口气,使出浑身的力气往大石头上爬。谁知用力过猛,它的身体竟然失去了重心,四脚朝天跌倒在沙滩上。小海龟们见了,都关心地问老海龟是否受伤?要不要帮它把身体翻转过来?

老海龟摆摆手,故作轻松地对小海龟们说:"不用帮忙。我是故意仰面朝天躺着的,这样我的胸部就可以晒到温暖的阳光了,多么舒服啊!"

过了一会,小海龟们一齐跳入大海,游到别处去了。老海龟这才舞动四肢并且伸长脖子,想把身体翻转过来,可是无论它怎么努力,都翻不过来。几个渔民正好经过海滩,轻而易举地抓住了这只老海龟,高高兴兴地把它抬了回去。

此时,老海龟非常后悔,如果刚才不顾及面子,而让小海龟们帮助把

第三章 跟鲁迅学自省——审视自我,提升品格

身体翻转过来的话,自己也不会落得这样的下场了。它最后叹了口气,自我安慰说:"还好,小海龟们没有看到我被抓时的狼狈相,总算没有在它们面前失了面子。"

死要面子是一种不自信和不良情商的反映,是一种愚蠢的、鲁莽的行为,更是一种不良的情绪。死要面子给别人看,希望得到他人的好评与认可,其实是一种不健康的心理状态。因为面子是自身虚假的写照,人陷在其中无法自拔,无法实现自己真正的价值。

历史上的周幽王为了博褒姒一笑,让自己有面子,丢了大好江山;诸葛亮为了给马谡一个面子,失了街亭;周瑜为了自己尊贵的面子,被活活气死。要知道,面子其实没有那么重要,虚荣过度只会让人迷失自我,既然放下虚荣,放下面子,就能赢得人心,我们何乐而不为呢?

放下面子,是一种巨大的勇气,是一种坚定的自信,是一种坦然的大度,是一种真诚的宽容,是一种丰厚的获得。可是,生活中总有些人好讲究面子,好争一时之气,孰不知有时候放下自己的面子,能够承受别人的嘲讽,反而是一桩好事。面子只是我们心里的一面旗帜,不要过度的在乎它,只要适时适当地爱自己的面子就可以了。毕竟要面子不是我们长久的活法,只有放下面子,懂得力争上游的人,才是真正有智慧的人。李嘉诚说:"当你放下面子赚钱时,说明你已经懂事了。当你用钱赚回面子时,说明你已经成功了。当你用面子去赚钱时,说明你已经是个人物了。"

成都思味思我食品有限公司老总钱安磊出生于一个农民家庭,大学毕业后,她骄傲地告诉父母:"我们穷困潦倒的日子从此结束了。"然而,现实并不是那么如意的。从师范大学英语专业毕业后,钱安磊当了一名英语教师,每个月收入微薄。靠这份工资担负起家庭的重任,根本是不

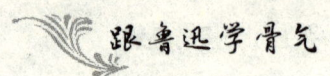

可能的。

　　后来,钱安磊听说新疆乌鲁木齐有个英语翻译的岗位,每个月薪水1000多元。于是,她辞掉了教师的工作,奔赴乌鲁木齐。可是,招聘方却因为钱安磊是女性,担心她不能吃苦,而拒绝了她。当时,钱安磊已经穷困潦倒,她忍受着零下10多度的低温,在当地的一家宾馆做起了服务生,主要职责是为外国人介绍宾馆,每月薪水400元。经过努力,钱安磊的薪水不断上涨,到后来每个月能拿到一万多。但是钱安磊并没有满足于此。1995年,她办起了食品贸易公司。经过一番打拼,她成了成都思味思我食品有限公司的老总。

　　当回忆起这段创业经历时,钱安磊说道:"机会总是给那些有准备的人的,为了生活和理想,只要舍得放下面子去做,就没有什么不可能。"

　　当然,我们也不能一味地委曲求全,低三下四的丢掉自己的人格、尊严与品质,我们要做一个"能屈能伸"的运筹帷幄之人。人们常说:"人为一口气,佛为一炷香。"我们一定要正确的认识面子问题,不必为了没意义的面子让自己受苦遭罪,顺其自然最可贵。

7.自欺欺人不可为

　　很多人在很多事情上,会为了颜面,表现出一种自我保护的本能,这其实就是自欺欺人。但自欺欺人无疑是在欺骗了自己的同时,也欺骗了别人。自欺欺人的人还有一个特点,那就是丢失了颜面后没有正视的勇气。事实上,他们就是一群不敢面对现实的懦夫。

第三章 跟鲁迅学自省——审视自我,提升品格

鲁迅在《论睁了眼看》一文中,对国人的"自欺欺人"进行了批判,同时又给人提出了警醒。下文是原文节选:

虚生先生所做的时事短评中,曾有一个这样的题目:"我们应该有正眼看各方面的勇气"(《猛进》十九期)。诚然,必须敢于正视,这才可望敢想,敢说,敢作,敢当。倘使并正视而不敢,此外还能成什么气候。然而,不幸这一种勇气,是我们中国人最所缺乏的。

但现在我所想到的是别一方面——

中国的文人,对于人生,——至少是对于社会现象,向来就多没有正视的勇气。我们的圣贤,本来早已教人"非礼勿视"的了;而这"礼"又非常之严,不但"正视",连"平视""斜视"也不许。现在青年的精神未可知,在体质,却大半还是弯腰曲背,低眉顺眼,表示着老牌的老成的子弟,驯良的百姓,——至于说对外却有大力量,乃是近一月来的新说,还不知道究竟是如何。

再回到"正视"问题去:先既不敢,后便不能,再后,就自然不视,不见了。一辆汽车坏了,停在马路上,一群人围着呆看,所得的结果是一团乌油油的东西。然而由本身的矛盾或社会的缺陷所生的苦痛,虽不正视,却要身受的。文人究竟是敏感人物,从他们的作品上看来,有些人确也早已感到不满,可是一到快要显露缺陷的危机一发之际,他们总即刻连说"并无其事",同时便闭上了眼睛。这闭着的眼睛便看见一切圆满,当前的苦痛不过是"天之将降大任于是人也,必先苦其心志,劳其筋骨,饿其体肤,空乏其身,行拂乱其为。"于是无问题,无缺陷,无不平,也就无解决,无改革,无反抗。因为凡事总要"团圆",正无须我们焦躁;放心喝茶,睡觉大吉。再说费话,就有"不合时宜"之咎,免不了要受大学教授的纠正了。呸!……

中国的文人也一样,万事闭眼睛,聊以自欺,而且欺人,那方法是:瞒

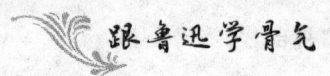

和骗。……

中国人的不敢正视各方面,用瞒和骗,造出奇妙的逃路来,而自以为正路。在这路上,就证明著国民性的怯弱,懒惰,而又巧滑。一天一天的满足着,即一天一天的堕落着,但却又觉得日见其光荣。……

鲁迅的教诲是有针对性的,有启发性的,但现实生活中却偏偏有很多人"闭上了眼睛,这闭着的眼睛便看见一切的圆满"。他们还在自欺欺人。

自欺欺人是那些为了面子而抛弃人格尊严、进行狡诈欺骗的无耻之徒的做法,他们表面上道貌岸然,实则内心肮脏。

齐国有一个人,家里有一妻一妾。这个人每次出门回来都是吃得饱饱地,喝得醉醺醺地。他的妻子问他一道吃喝的都是些什么人,他说都是些有钱有势的人。妻子告诉妾说:"丈夫出门,总是酒醉肉饱地回来,问他和些什么人一道吃喝,据他说来全都是些有钱有势的人,但我们却从来没见过什么有钱有势的人物到家里面来过,我打算悄悄地去看看他到底去了哪些地方。"

第二天一大早,妻子跟在丈夫的后面,走遍全城,却没有看到一个人站下来和她丈夫说过话。最后丈夫走到了东郊的墓地,向祭扫坟墓的人要些剩余的祭品吃。没有吃饱,他又去其他的地方乞讨吃,妻子这才明白了丈夫说的"酒醉肉饱"。

妻子回到家里,告诉妾说:"丈夫是我们仰望并终身依靠的人,现在他竟然是这样的!"二人在庭院中咒骂着,哭泣着,而丈夫还以为她们蒙在鼓里,得意洋洋地从外面回来,在他的两个女人面前继续耍着威风。

故事中的丈夫是一个外表趾高气扬,内心却极其卑劣下贱的人。他为了在妻妾面前摆阔气、抖威风,自吹每天都有达官贵人请他吃喝,实际上却每天在坟地里乞讨。妻妾发现了他的秘密后痛苦不堪,而他却并不知道事情已经败露,还在妻妾面前得意洋洋。自欺欺人害人不浅啊!

很多人认为事情办得不圆满,便是丢了面子,而为了维护面子,大部分人选择了自欺欺人。他们真的就没有解决问题的能力吗?不一定。之所以这么做,是因为他们觉得这样既能避免麻烦,又能让心里舒坦。

鲁迅在《中国小说的历史变迁》中说道:"中国人底心理,是很喜欢团圆的……大概人生现实底缺陷,中国人也很知道,但不愿意说出来;因为一说出来,就要发生'怎样补救这缺点'的问题,或者免不了要烦闷,要改良,事情就麻烦了。而中国人不大喜欢麻烦和烦闷,现在倘在小说里叙了人生底缺陷,便要使读者感着不快。所以凡是历史上不团圆的,在小说里往往给他团圆;没有报应的,给他报应,互相骗骗——这实在是关于国民性底问题。"

中国人做小说是如此,现实生活中很多人做事情也是如此,他们丢失了正视现实的勇气,解决问题的勇气,实在是可悲可叹。

一个人的一生或多或少都存在着缺憾,有了缺陷并不可怕,可怕的是刻意掩饰,自欺欺人,永远不能正视自己的缺陷才是懦弱的表现,才是一生的缺憾。正如鲁迅所说:"我们仔细查察自己,不再说谎的时候应该到来了,一到不再自欺欺人的时候,也就是到了看见希望的萌芽的时候。"

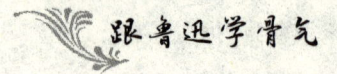

8.做人不能太势利

在生活和工作中,有的人不看重人品,只以官职、衣冠、钱财、地位取人,具有媚富贱贫、趋炎附势的势利心态,这样的人就是俗称的"势利眼"。势利眼总是倾向有钱、有权、有地位的人,不顾个人尊严,表现出巴结、奉承的丑恶嘴脸,因为这样能给他们带来利益。势利眼总是看不起贫穷、无权、社会地位低的人,对他们表现出一副不屑一顾、冷言冷语、羞辱的嘴脸,以为这样就能凸显自己的价值,高人一等。

势利眼现象普遍存在于现实中。一个人倘若遇到势利眼对自己不公平的对待,不必吃惊,不必动怒,淡然看待,柔和地应付,只要自己不看轻自己,那么自己的人格就不会黯然失色。

1842年,清朝在与英国的第一次鸦片战争中战败,同一年,清廷派出代表跟英方签订了不平等条约《南京条约》。其中有一条款是开放广州、厦门、福州、宁波、上海等五处为通商口岸,准许英国派驻领事,准许英商及其家属自由居住。厦门作为帝国主义强迫开辟的"通商口岸"之一,受英国文化的影响,也开始盛行金钱至上的哲学和以貌取人的风气。鲁迅说:"大约因为和南洋相距太近之故吧,此地实在太斤斤于银钱……。"

在厦门大学执教期间,有一次,学校会计给鲁迅开了一张四百元的支票。鲁迅拿着支票来到了市区的一家银行兑换。

"支款,先生!"鲁迅站在柜台外面说。

接待鲁迅的是一位势利眼的职员。他瞄了鲁迅一眼,见鲁迅穿着一身破旧的棉袍,留着直竖的短发,心里便有些瞧不起。他用狐疑的口气问:"这张支票是你的吗?"鲁迅吸了一口烟,给了职员一个白眼,没有说一句

第三章 跟鲁迅学自省——审视自我,提升品格

话。那个职员连续问了三次,鲁迅也连续吸了三口烟,但就是保持缄默,算是无言的抗议。这位银行职员没有办法,便将鲁迅带进柜台里面的一间房子,之后直接给厦门大学会计室打了电话。会计室的主任告诉银行职员,那位不修边幅的、兑换钱的先生就是赫赫有名的周树人教授。银行职员得知后,便笑容可掬地立即给鲁迅办理了领款手续。

这件事情过后,朋友经常劝说鲁迅理发,平时多注意穿着,以免被那些势利小人瞧不起。然而鲁迅却说:"吃一点亏并不要紧,我倒是可以省下理发的时间去看点书。"

有一天,鲁迅穿着一件破旧的衣服上理发院去理发。理发师见他穿着很随便,而且看起来很肮脏,觉得他像是个乞丐,就随随便便地给他剪了头发。理了发后,鲁迅从口袋里胡乱抓了一把钱交给理发师,便头也不回地走了。理发师仔细一数,发现他多给了好多钱,简直乐开了怀。

一个多月后,鲁迅又来理发了。理发师认出他就是上回多给了钱的顾客,因此对他十分客气,很小心地给他理发,还一直问他的意见,直到鲁迅感到满意为止。谁知道付钱时,鲁迅却很认真地把钱数了又数,一个铜板也不多给。理发师觉得很奇怪,便问他为什么。鲁迅笑着说:"先生,上回你胡乱地给我剪头发,我就胡乱地付钱给你。这次你很认真地给我剪,所以我就很认真地付钱给你!"理发师听了觉得很惭愧,连忙向鲁迅道歉。

尊重别人不是因为对方的权势高,也不是因为对方的金钱多,更不是因为有求于人家,而是出于人性的美好和自身的修养,这才是做人该有的姿态与风度。如果银行职员和理发师尊重鲁迅,那么鲁迅也会尊重他们吧!势利的人唯利是图,唯势而往,今天为了势利去巴结这个,明天为了势利去奉承那个,终会被人鄙视、看不起。

跟鲁迅学骨气

有一天，大文豪苏东坡到郊外游山玩水，不知不觉间来到了一座寺庙。寺庙很幽静，苏东坡决定先进去逛逛寺庙，然后再休息休息。苏东坡跟庙里的住持打了招呼，但住持见他穿着一身破旧的衣服，心里有一丝瞧不起。可是客人既然来了，总得招待吧。于是住持坐在大厅的椅子上，用爱理不理的口气对着苏东坡说："坐。"说完又转过身子对旁边的小徒弟说："茶。"

住持跟苏东坡谈论了起来，谈着谈着，便觉得眼前人学富五车，心里不禁吃了一惊。他立即站起身来，将苏东坡请到了自己的客房。来到了客房，住持说话的语气也变得恭敬了，对苏东坡说道："请坐。"又对小徒弟说："敬茶。"

住持再一细细打听，才得知眼前的这位穷酸书生模样的人，竟是大名鼎鼎的苏学士，于是对苏东坡更加客气了。他赶紧起来让座，对苏东坡说："请上座。"又对小徒弟说："敬香茶。"边说边对苏东坡行礼。

住持心想：苏大学士难得光临小庙，一定要让他题诗作对，好给寺庙增添光彩。他找准机会，满脸笑意地对苏东坡说："苏学士的大名，我早已有所耳闻。今天您来到这里，是我们寺庙的荣幸，希望您写一副对联吧。贴上您的墨宝，我们寺庙也跟着沾光。"

苏东坡最看不起住持这样的势利眼了，见住持如此点头哈腰，心理觉得既可气又可笑。不过，他还是答应给寺庙写一副对联。苏东坡拿起毛笔，"刷刷刷"几笔就写好了，只见上联是：坐，请坐，请上坐；下联是：茶，敬茶，敬香茶。写完了对联，苏东坡把笔一扔就离开了寺庙。屋里只剩下脸红一阵儿白一阵儿的住持了。这幅充满着讽刺他的对联，他哪敢贴出去啊！

势利现象在我们的生活中非常普遍，人人都有势利倾向，只是每个人势利倾向的强度不同罢了。势利一点可以理解，但做人不能太势力，不能成为令人厌烦的势利眼。为了自己的生存和发展,适度地尊重、巴结强者是必要的,这是正常的势利行为。但超过了度,就是厚颜无耻,没骨气的表现。另外,对弱者也不能用看不起、冷嘲热讽或落井下石的态度,在弱者需要帮助的时候,要乐于向他们伸出关爱之手,尽自己的所能帮他们一把。这对我们并没有多少损害,说不定这种感情投资还会为自己带来长远的收益。即使没有回报,助人积福也是个人社会价值的体现,同时也会造就自己心灵的平静和安详,并没有什么不妥。

9.抵住诱惑,拒绝虚荣

虚荣心是一种扭曲的自尊心,是一种追求虚表的性格缺陷,是人们为了取得荣誉和引起普遍注意而表现出来的一种不正常的社会情感。虚荣心具有以下的几种表现:盲目攀比,好大喜功,过分看重别人的评价,自我表现欲太强,有强烈的嫉妒心等。莎士比亚说过:"爱好虚荣的人,用一件华丽的外衣遮掩着一件丑陋的内衣。"虚荣心重的人,一旦别人有一点否定自己的意思,便认为自己失去了所谓的自尊,丢了面儿。实际上,虚荣对自己本身却没有一丝益处,甚至说是有害处的,所以,不要死要面子了,那样受伤害的只有自己。

鲁迅在作品《孔乙己》中,塑造了一个虚荣心极强的人物,他就是孔乙己。《孔乙己》节选:

……我从此便整天的站在柜台里,专管我的职务。虽然没有什么失职,但总觉得有些单调,有些无聊。掌柜是一副凶脸孔,主顾也没有好声气,教人活泼不得;只有孔乙己到店,才可以笑几声,所以至今还记得。

孔乙己是站着喝酒而穿长衫的唯一的人。他身材很高大;青白脸色,皱纹间时常夹些伤痕;一部乱蓬蓬的花白的胡子。穿的虽然是长衫,可是又脏又破,似乎十多年没有补,也没有洗。他对人说话,总是满口之乎者也,叫人半懂不懂的。因为他姓孔,别人便从描红纸上的"上大人孔乙己"这半懂不懂的话里,替他取下一个绰号,叫作孔乙己。孔乙己一到店,所有喝酒的人便都看着他笑,有的叫道,"孔乙己,你脸上又添上新伤疤了!"他不回答,对柜里说,"温两碗酒,要一碟茴香豆。"便排出九文大钱。他们又故意地高声嚷道,"你一定又偷了人家的东西了!"孔乙己睁大眼睛说,"你怎么这样凭空污人清白……""什么清白?我前天亲眼见你偷了何家的书,吊着打。"孔乙己便涨红了脸,额上的青筋条条绽出,争辩道,"窃书不能算偷……窃书!……读书人的事,能算偷么?"接连便是难懂的话,什么"君子固穷",什么"者乎"之类,引得众人都哄笑起来,店内外充满了快活的空气。

孔乙己的生活已很落魄,却仍然不肯放下读书人的架子。为了证明自己是个读书人,他从来都不肯脱掉身上的那件破长衫。也是因为虚荣心在作怪吧!他把偷书说成是窃书,又在极力狡辩那并不是偷的行为,在众人的嘲笑声中维护着自己那点可怜的自尊,这是因为虚荣心在作怪。他还时常对人说着一些之乎者也的话,尽管别人都听不懂,但只要说了,就能获得精神上小小的满足,证明自己是有学识的读书人,这也是因为虚荣心在作怪吧!还有一个"排"字,更是将孔乙己摆阔炫耀的虚荣心表现得一览无遗。

虚荣是指那些表面上的光彩,虚荣心是对荣誉的一种过分追求,是道德责任感在个人心理上的一种畸形反映,是一种不良的心理品质,其本质是利己主义的情感反映。每个人都知道不应贪恋虚荣,然而身处在充

第三章 跟鲁迅学自省——审视自我,提升品格

满诱惑的世界里,真正能抵得住虚荣心的又有几人?

小燕出生在一个普通的家庭,长大之后嫁给了化工厂临时工王大强,婚礼举办得很寒酸。因为丈夫的贫穷,小燕的父母甚至与她断绝了关系,这让自尊心极强的小燕伤透了心,她发誓,自己一定要把面子挣回来。

几年后,王大强发了迹,成了一名身价千万的地产商。丈夫有了出息,小燕觉得是时候挣回面子了。她对丈夫说:"咱们结婚的时候,婚礼办得太寒酸了,我一直在别人面前抬不起头。你要是真想给我挣回面子,就给我补办一个风风光光的婚礼!"丈夫二话没说,立刻答应了下来。小燕随即就在一家豪华大酒店补办了一场隆重气派的婚礼。而她的父母也终于放弃成见,满面春风地出席了女儿的婚礼。

他人的恭维大大地刺激了小燕的虚荣心,她要求丈夫每盖一片楼,都要留下一套自住宅。短短四五年的时间,他们就拥有了11套住宅。每次和朋友一起聚会,小燕都慷慨地买单,还会给服务员不少的小费。小燕一掷千金的豪爽之举引得众人的惊羡,"朋友们"都称她为"富贵侠女"。对此,小燕感到非常得意。

小燕越来越膨胀的虚荣心令丈夫感到反感,最终导致他们婚姻破裂。几乎是在一夜之间,她的豪宅和名车全部易主。"富贵侠女"小燕变得一贫如洗了。

虚荣是许多人的精神支柱,以至于在他们的观念中,无论什么时候面子都是最重要的,其他的都是小事。这就是所谓的打肿脸充胖子。

玛蒂尔德是一位漂亮的女子,她的丈夫是一个普通的小职员。她地位低下,非常向往奢靡的贵族生活,渴望参加上流社会的交际活动。有一次,为了出席一个盛大的晚会,她用丈夫积攒下来的400法郎做了一件礼服,还从好友那里借来一串美丽的项链。在部长家的晚会上,玛蒂尔德以她超群的风姿出尽了风头,她的虚荣心由此得到了充分的满足,简直兴奋得忘乎所以了。不幸的是,她竟然把借来的项链丢失了,在这种情况下,她只有隐瞒着好友,慢慢来赔偿。从此,夫妇俩度过了10年节衣缩食的生活。在这艰难的积攒过程中,玛蒂尔德的手变得粗糙了,容颜也衰老了。后来,她偶然得知,她丢失的那条项链不过是一条价格低廉的人造钻石项链,而她赔偿的却是一条真的钻石项链。

就这样,玛蒂尔德白白辛苦了10年。

玛蒂尔德为了虚荣的面子,付出了辛苦10年的代价。为了虚假之物项链,失去了美好的青春年华。如果她能依照自己的"本来面目"去生活,那么就不会有精神上的困扰与烦恼了。

其实,虚荣心也不是什么十恶不赦的事情,人类若没有了虚荣心,恐怕也就缺少了一些动力。只是虚荣心要有一个度,一旦超出了这个度,就成了虚荣的奴隶,那就会使别人讨厌,甚至成为作恶的根源。所以一定要控制好虚荣心的这个度,了解自己所需要的,珍惜自己所拥有的,淡泊名利,净化心志,方能活得轻松快乐。

真正的面子不是虚荣,而是来自于心灵的自信,来自于实力和努力。所以不应该让面子桎梏心底的自由,为了未来的幸福,要学会放弃眼前的虚荣。放下虚荣心,是一种争取自由的勇气,是一种笃定豁达的自信,是一种坦然面对的豪迈,是一种真诚自然的释怀,是一种无羁无欲的获得!放下虚荣心,才能成为一个真实的人,成为一个具有良好心理品质的人。

10.清醒应对他人的恭维

赞誉之词人人都渴求,人人都需要。但如果赞誉不当,那么赞誉就会成为恭维。恭维是出于讨好对方而去称赞、颂扬,具有奉承的意味。有的人喜欢被人恭维,有的人则不喜欢。那么人到底该不该听别人的恭维呢?

鲁迅一生曾做过不少于60次的演讲,北京、西安、厦门、上海、广州等地的大学和文学团体,都曾邀请过他前去演讲。鲁迅的每一次演讲,不仅听者众多,而且有关部门也是隆重礼遇。但是鲁迅却从来没有因为场面需要而改变自己的说话风格,因此给人的感觉常常是"不近情理"。

1927年1月23日,广州世界语学会邀请鲁迅前去演讲。在演讲之前,一位姓黄的组织者先是恭维了鲁迅一番,说鲁迅在北京时曾极力提倡世界语。但是鲁迅却连忙否认,说那是周作人,不是他。在第二天的大会上,姓黄的组织者登台致词,又恭颂鲁迅以前提倡世界语之功,接着请鲁迅演说。鲁迅上台之后,首先再次声明那是周作人,不是他。鲁迅的这种态度,让那位姓黄的组织者感到非常"难为情"。

有很多人曾向鲁迅献殷勤,说一些恭维话,但鲁迅的头脑没有因此而发热,时刻保持着清醒,演讲时只说自己"要说的话",根本就不管别人的心机。正是因为做到了这一点,他的演讲才跟他的文章一样,具有思想家和革命家的品格。

人人都喜欢听好话,听奉承话,这无可厚非。但是没有自知之明的人,会对好话和奉承话信以为真,以至于内心飘飘然,觉得自己很伟大。其实,这类人没有考虑到这些话的背后,到底是出于什么目的。俗话说:"失意不能失志,得意不能忘形。"那些盲目相信奉承话的人,最后在一片恭

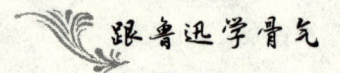

维声中，迷失了自己，做出了让自己后悔终身的决定。

战国时期，齐国国君齐宣王酷爱射箭。齐宣王的射箭水平其实并不高明，但周围的人为了讨好他，都恭维他射箭技术高超，而他本人也十分愿意听别人的"夸奖"。

有一天，齐宣王为了展示自己高超的射箭水平，故意先让周围的随从和大臣一个个试拉他的弓。他的弓实际上也就大约三石的力。这些人为了让齐宣王开心，有的才拉开一小半，就故意喘着粗气；有的拉开一半，就连连伸胳膊蹬腿，说是闪了肩膀扭了腰。最后，大家都异口同声地说："大王的弓要有九石的力才能拉开，看来只有大王您才能拉得开这张弓了。"齐宣王听了，心里十分得意。

周围人的曲意恭维，使得齐宣王以为自己用的是九石力的弓，以至于一辈子都活在谎言之中。这就是爱听悦耳的奉承话的后果。

相反，那些有自知之明的人，能在他人的一片赞扬声中保持清醒的头脑，不会因几句奉承而迷失了自己。

齐威王的相国邹忌长得相貌堂堂，身高8尺，体格魁梧，十分漂亮。与邹忌同住一城的徐公也长得一表人才，是齐国有名的美男子。

一天早晨，邹忌起床后，穿好衣服、戴好帽子，信步走到镜子前仔细端详全身的装束和自己的模样。他觉得自己长得的确与众不同、高人一等，于是随口问妻子说："你看，我跟城北的徐公比起来，谁更漂亮？"

他的妻子走上前去，一边帮他整理衣襟，一边回答说："您长得多漂亮啊，那徐先生怎么能跟您比呢？"

邹忌心里不大相信，因为住在城北的徐公是大家公认的美男子，自己恐怕还比不上他，所以他又问他的妾说："我和城北的徐公相比，谁漂亮些呢？"

他的妾连忙说："大人您比徐先生漂亮多了，他哪能和大人相比呢？"

第二天，有位客人来访，邹忌陪他坐着聊天，想起昨天的事，就顺便又问客人说："您看我和城北徐公相比，谁漂亮？"客人毫不犹豫地说："徐先生比不上您，您比他漂亮多了。"

邹忌如此作了三次调查，大家都一致认为他比徐公漂亮。可是邹忌是个有头脑的人，并没有因此沾沾自喜，认为自己真的比徐公漂亮。

恰巧过了一天，城北徐公到邹忌家登门拜访。邹忌第一眼就被徐公那气宇轩昂、光彩照人的形象怔住了。两人交谈的时候，邹忌不住地打量着徐公。他觉得自己长得不如徐公。为了证实这一结论，他偷偷从镜子里面看看自己，再调过头来瞧瞧徐公，结果更觉得自己长得比徐公差了。

晚上，邹忌躺在床上，反复地思考着这件事。既然自己长得不如徐公，为什么妻、妾和那个客人却都说自己比徐公漂亮呢？想到最后，他总算找到了问题的根源。邹忌自言自语地说："原来这些人都是在恭维我啊！妻子说我美，是因为偏爱我；妾说我美，是因为害怕我；客人说我美，是因为有求于我。看来，我是受了身边人的恭维而认不清真正的自我了。"

做人应该有自知之明，自己几斤几两只有自己最清楚。万不可因别人的恭维，就失了自知之明。当然，说恭维话的不见得都是坏人。很多时候，人低三下四地去捧别人，是出于无奈，或是自有难言之隐。但不管别人动机如何，只要自己保持一种平和的心态，淡定、坦然地去面对才是最重要的。在恭维声中要小心谨慎，要理智地对待。

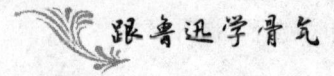

11.嫉妒之心不可有

古人云:"木秀于林,风必摧之;堆出于岸,流必湍之;行高于人,众必非之。"意思是说,一棵高于整个树林的树,大风一定会先吹倒它。多出岸边的土堆,激流一定会把它冲走。一个人的品行高于众人,别人一定会对他产生非议。为什么会出现这种情况呢?因为嫉妒。嫉妒是人的一种心理活动,其表现特征是见不得别人比自己强,当别人表现得比自己优秀或是别人有好事情时,心里便不平衡,滋生出嫉恨之心。鲁迅先生对于那些具有嫉妒心理的人是这样描述的:"这种人就像很矮的人,总是瞪着不示弱的眼睛,千方百计地想把别人也拉矮,同他们穿一个号码的裤子。"

莎士比亚说:"嫉妒是万恶之源。"嫉妒的人,自己本身达不到对方的高度,获得不了对方的荣誉,只好采取卑劣的方式来维护自己少得可怜的自尊。一个人一旦产生嫉妒的心理,就会让自己陷入痛苦之中。好嫉妒的人,无论看见什么都要叫嚣,但事实上,嫉妒心重的人往往只会让自己受伤,因为公道自在人心。

春秋时,郑庄公手下有两位大将。一位是年长一些,办事稳重的颍考叔;另一位是年轻一些,办事浮躁的公孙子都。这两人打仗作战都很勇敢,但不同的是,公孙子都总要跟别人攀比,一旦别人表现比他优秀了,他的心里就不爽,有点儿嫉贤妒能。

有一回,郑国出兵攻打许国的国都,郑庄公让颍考叔当先锋,并给了他20辆战车。而公孙子都的队伍在后面,还没有战车。公孙子都一看,心里就不平衡了:为什么我这支队伍就没有战车呢?他直接对颍考叔说:"虽然我的队伍不是先锋,但也需要战车啊,你就分给我10辆吧。"

颍考叔说:"子都,我率领的可是先头部队呀。要是我给你10辆战车,

第三章 跟鲁迅学自省——审视自我,提升品格

那我队伍的战斗力就会降低,先头部队若打不赢,你这后继部队也难以取胜。为了大局,我不能分给你战车。"

公孙子都听了非常不高兴,就跟颍考叔吵了起来。最后,郑庄公觉得颍考叔讲得有道理,便没有答应公孙子都的要求。公孙子都因为这件事情开始怀恨颍考叔。

在攻打许国国都的那一天,颍考叔带领着部队率先冲上了城头,成功夺取了城池。公孙子都赶到城下的时候,见自己又被比了下去,心里妒火升起,拉弓射箭,一箭射死了颍考叔。接着,公孙子都冲上城头说:"我攻占了许国的国都。"班师回朝之后,郑庄公亲自出来迎接队伍,并摆下酒宴庆祝。喝酒之前,郑庄公问起颍考叔去哪儿了。公孙子都说:"颍考叔将军中箭身亡,为国捐躯了。"众人听了都非常悲伤,为颍考叔默哀了片刻。

在酒席上,或许是公孙子都害怕郑庄公发现真相,心理压力太大,突然神智出了问题,端着酒杯说:"你们知道我是谁吗?我就是颍考叔。"在场的人都被吓了一跳,不由纳闷儿:"难道颍考叔的魂灵附到子都身上了?"公孙子都接着说:"我是被公孙子都用箭射死的。"

就这样,公孙子都胡言乱语了半天,不小心从高处摔下来,死了。

嫉妒心重的人,总以为自己是最重要的,理所当然应该受到众人的关注,当别人都捧自己的时候,自然会生出喜悦之心。而一旦有人不认为自己是最重要的时候,就会生出自卑、烦躁、嫉妒等心理,伴随而来将是折磨痛苦。

面对他人的才能、好处、成绩,如果我们有肚量,那么,我们就能抱持一种赞许、欣赏的态度。这样的人,就不会嫉妒他人。

24岁的朱安从鲁迅离家的那天起,就一直跟婆婆一起生活,这是婆婆没有想到的。在家里,她天天做针线活、料家务事、侍候婆婆,盼望着有一天鲁迅能够回来。可是直到她50岁时,等来的却是自己先生与许广平在上海的结婚照。朱安内心感到了伤痛,可是她没有过分的嫉妒之心,她甚至还为鲁迅和许广平有了儿子而高兴。她对人说:"先生的儿子也是我的儿子。"直到晚年,她还说:"我生为周家人,死为周家鬼。"朱安用自己的一生侍奉着婆婆,对鲁迅更是毫无怨言,对许广平也没有嫉妒之心。当鲁迅去世后,年迈的朱安在老家设置灵堂,身披重孝,表达了他的哀悼。

在我们的生活中,朋友、同事、兄弟、亲戚以及夫妻之间都有嫉妒,嫉妒可以说是无所不在的。那么,我们该怎样应对他人的嫉妒呢?

小燕大学毕业后,就到一家公司担任销售员。销售团队共有十几个人,她是唯一的一个硕士研究生。刚参加工作的小燕投入了大量的热情,认真参与公司的会议,还提出了不少好建议。为此,她受到了公司领导的表扬。小燕平时还喜欢文字,时不时地会在公司的内刊上发表几篇文章,这样一来,就更受领导的青睐了。然而她的这一行为却使得其他同事更加嫉妒了。有的同事会当面嘲讽,有的还会背地里散布她的谣言。虽然小燕坚信自己行得正坐得直,在同事们面前表现得也非常谦虚,可同事们还是孤立她,这让她烦恼不已。

有一天,小燕向领导诉说了自己心中的苦闷。领导对她说:"你知道'出类拔萃'的含意吧?嫉妒,是人之常情,无法避免。但我们嫉妒的往往是比自己稍微优秀的人,而那些出类拔萃的伟人是不会遭人嫉妒的,人们对他们只有敬佩。你若能不断学习,不断升华自己,那些嫉妒自然就消散了。"

听了领导的一席话,小燕豁然开朗了。面对别人的嫉妒没有必要抱怨,更没有必要为了适应他们而改变自己。最好的方法就是发挥自己的优势,做到出类拔萃。

的确,遭人嫉妒,心里自然不会愉快,但人不能因为被嫉妒而意志消沉,刻意改变自己。最明智的选择就是"走自己的路,让他们去说吧"。著名剧作家周振天说:"不必怨恨嘲讽与嫉妒,它的每一次到来,都是前进的动力。"

"泰山不让土壤,故能成其高;大海不择细流,故能成其深。"泰山之所以高大,是因为它不舍弃任何一小块泥土;大海之所以深远,是因为它能容纳任何细小的溪流。一个人生存于世间,待人处世也应该具有泰山、大海的气度,只有这样我们才不会嫉妒别人,自然也能让那些嫉妒我们的人自惭形愧。要知道,唯有宽容大度,才能变得强大;唯有宽容大度,才能成就一切。

12.为小事斤斤计较是无能的表现

当生活中出现重大危机的时候,人们往往能打起精神勇敢面对,反而是一些看似不值得一提的芝麻小事,常常把人纠缠得苦不堪言。这些小事就像是苍蝇一样,在你的面前飞来飞去,让人感到烦躁不安,失去了好的心情。遇到这种情况该怎么办呢?心宽者路宽,只有保持宽广的心胸,不去计较这些小事,内心才能淡然,人格才会散发出美丽的光芒。

生活中的鲁迅是一个平凡的人,他并不是人们私下以为的那样冷酷、无情,他的无情与冷漠只是针对敌人。其实鲁迅是一个热心善良、乐于助人,不为小事斤斤计较的人。即便被他人伤过,他也会用宽广的心胸轻易地化解那些不愉快。

跟鲁迅学骨气

鲁迅的妻子许广平回忆说:"我们住在北四川路底时,家里用了一个善良而又纯朴的老女工。凡工人有错误,鲁迅是不加呵斥的,而况她对孩子很慈祥,不由令人想起长妈妈来。鲁迅要孩子叫她姆妈,从来不许直呼其名的。每逢我们走向饭厅吃饭的时候,她就来到鲁迅写作兼卧室的一间大房间里,做清洁工作或带孩子在这里玩耍。有一天,我们吃完饭回到房里一看,她和孩子玩得正欢,在朝马路的三楼阳台上和孩子一页页地吹纸片,说是放鸢,孩子看到纸片飞舞,忽上忽下,高兴极了,总是要求再来一个。在欢笑之下我们来了,不看犹可,一看,却是鲁迅书架内的一本书被撕去大半本做蝴蝶和纸鸢飞去了,连忙拦阻,才把后小半收回。因为她是文盲,不懂得书的内容,更不了解鲁迅视书如命的脾气,只图博得小孩欢喜,就什么也不管了。鲁迅体谅她,没有加以责备,只戒以后不可再做了。"

有一位年轻的学生,对于鲁迅非常仰慕,于是他就去上海找鲁迅。来到了上海,鲁迅收留了这位年轻的学生以及他的女友,还给他们提供吃住。谁知这个年轻的学生却心安理得地享用了这一切,不仅如此,他还不满足,还要求鲁迅为他找工作。

鲁迅没有办法,就找到了郁达夫,请他帮忙为这个年轻的学生找份工作,并说如果没有找到的话,就请一家书店或报馆在名义上用他做事,每个月的工资,全都由鲁迅来出。只需要书局或报馆,走个形式而已。

还有一次,鲁迅收到了一位素不相识的青年寄来的一篇稿子,他花了几天的时间认认真真地修改了稿子并且回寄给那位青年。不成想,那个青年却在信中将鲁迅责备了一番,说稿子的改动幅度太大。没多长时间,那个青年又将自己写的稿子寄给了鲁迅,而鲁迅依旧认认真真地修改并给青年寄了回去。这一次,那个青年在信中又责备鲁迅改得太少

了。这样的事情发生了很多次,鲁迅先生忍不住感慨道:"现在做事真是难极了!"

现实生活中,大事小事掺杂在一起,很多小事其实是不必要斤斤计较的,凡事斤斤计较是无能的表现,既劳神又伤财,有时甚至会造成严重的后果。俗话说得好:"忍一时风平浪静,退一步海阔天空。"忍让不是无能,更不是畏惧和退缩,而是大度、豁达与有涵养的体现。不斤斤计较小事,是一种品德,是一种修养,更是一种胸怀。

生活中的你,也许常常因为一些小事与别人发生摩擦,甚至争吵,并且事后一直记挂着这件事情,每想起一次就抱怨一次,认为这一切都是别人的错,都是别人惹自己生气的,其实那是跟自己过不去。不如凡事看开一点,少一些计较,这样你的内心才会舒坦。

人生短暂,不要浪费时间去为小事烦恼。我们可以多次原谅自己的许多大错,但有时却对别人某一个小小的失误耿耿于怀,甚至抓住不放。其实细想一下,又何必呢?对小事看开一点,意味着我们对待一些委屈和难堪的遭遇,能以坦然的态度去化解,这样才能享受到生活的快乐和幸福。

著名拳王乔治在拳击台上,是一位令人望而生畏的对手,然而在日常生活中,他却是一个坦然看待小事的人。

有一天,乔治跟一位朋友驾车游玩。半路上,他们看见前面有一辆小货车,背后贴着一张纸条,上面写着:禁止男士吻我!我不是同性恋。对此,乔治对朋友们说:"小货车的司机肯定是个幽默的人。"可是,就在大家谈论之时,前面的小货车突然来了个急刹车。乔治赶紧猛踩刹车,但车子依旧向前滑动,差一点就撞上了小货车的后背。

小货车司机赶紧下车查看,只见两辆车还差一厘米就"亲吻"上了。本来，并没有事故发生，一切也就过去了。可是，小货车司机却对着乔治毫不客气地说："伙计，你是一个瞎子吗？难道你没看见我车后背上的字吗？"

乔治露出讨好的笑容，连说"对不起"。还说："我看见了！我跟你有相同的爱好，我也不是同性恋。"

司机却不依不饶，依旧很不客气地说："我跟你不一样，绝对不喜欢将车开到跟另一辆车相距一厘米的地方。我看过你的比赛，厌烦你又蠢又笨的样子。"接着，司机又骂骂咧咧地说了很多难听的话，足足骂了5分钟。乔治的朋友想要下车去理论，却被乔治拦住了。他没有回击，只是任由司机骂街。或许司机骂够了，就心满意足地驾着小货车走了。

乔治的朋友心里很不平衡，对乔治说："那个家伙真是欠揍，又没有发生意外，至于那么激动吗？"

乔治说："他只是有话要说罢了，骂了拳王一顿，心里应该感到满足了。而我也没有什么不满，难道你不觉得这家伙的口才不错吗？"

朋友说："我不这样认为。你应该用你的拳头教训教训他。"

乔治幽默地说："不！这不是一个好办法！你想想，如果有人侮辱了歌王卡罗素，那么卡罗素会为他唱一首歌吗？"

人生苦短，为了小事而浪费时间、耗费自己的精力是不值得的。凡事看开了，看透了，看淡了，保持一份坦然的心境，你就不会为了琐事而烦恼，不会为了小事儿抱怨。所以，与其一直为那些芝麻大小的事情耿耿于怀，还不如忽略那些无关紧要的烦恼，用坦然的心态来面对生活，你会发现，天空一直是晴朗的，生活也是美好的。更重要的是，你的人格魅力将会越来越大。

13.不敷衍的人敢于担当

每个活在世上的人,都有自己的责任,都应该担当起来,办事有原则,兢兢业业不敷衍,这样的人才是值得尊重的人,才算得上是完美的人。工作是一个人赖以生存和发展的基础和保障,无论我们从事什么样的行业,都要有敬业的精神。无论是从道德观念出发还是从个人的长久发展来考虑,敬业精神是一个人必不可少的精神。

干一行爱一行,这是敬业的前提;勤勉的工作态度,是敬业的基础;精益求精,是一个敬业者应有的品质。只有爱岗敬业的人,才会在自己的工作岗位上获得别人无法得到的收获。

1909年8月,鲁迅回到了家乡不久,就在杭州的一所学校担任初级化学和优级生理学教员,同时兼任日本教师的植物学课的翻译。就这样,鲁迅开始了他的教育生涯。他非常喜欢这份工作,因为他觉得这份工作不仅能够养家糊口,孝顺父母,还可以让他有机会宣传科学和现代文化,算得上是一件两全其美的事情。

虽然每周上的课有点多,但鲁迅还是表现出了极高的热情。白天的时候,他除了给学生们上课,就是在实验室里做实验;晚上的时候,他就批改学生的作业和讲义,通常工作到深夜,然后才会入睡。鲁迅觉得,老师若想教好,学生想学好,那么好的教材是必不可少的。但是,在当时腐朽的清政府统治下的半封建半殖民地社会,到哪里去找好的教材呢?鲁迅想,既然找不到,那就自己编写吧。于是他又开始编写教材,其内容非常丰富,系统性强,都是四字一句的,读起来琅琅上口,非常便于学生记忆。另外,他还亲自设计封面,精心地绘制了多种多样的插图,目的就是让学生看得懂,记得牢。鲁迅不仅教材编得好,就连备课也非常认真与充分,

跟鲁迅学骨气

讲得内容深入浅出,学生很容易就能听明白。所以,学生们都爱听他讲课,他的课堂纪律也是最好的。

鲁迅还讲生理卫生课。因为当时的社会风气比较落后,所以还没有在学校普及生理卫生方面的科学知识。当时的人们都有一个普遍的认识,对青年学生讲人体生理,就是宣传淫秽思想,不仅违反孔孟之道,而且还会教坏青年学生。因此,一般教师遇到这类内容,大都跳过去不讲。可是鲁迅不同于其他的教师,他不仅讲了生理卫生课,而且还答应了学生的要求,加讲了生殖系统的课。即便全校的老师和学生们都很惊讶,他却依旧坦然地去教了。他向学生们提出了一个条件,就是他讲的时候,不许笑。鲁迅和学生们说:"在这些时候不许笑是个重要的条件。因为讲的人是严肃的,如果有人笑,严肃的空气就被破坏。"大家都很赞同他的意见,听课的时候果然谁也没有笑。这件事情在中国是第一次,是非常了不起的。

别班的学生因为没听到,于是就来向鲁迅借讲义。鲁迅指着剩余的讲义说:"恐怕你们看不懂,要么,就拿去。"因为讲义中诸如男女生殖器、精子等词,都用了别的记号来代替。

鲁迅在杭州教学期间,工作非常勤奋,但生活却十分简朴。他只是在好友的邀请下,去游过一次西湖,晚上总是工作、学习,睡得很晚。鲁迅对于教育事业就是这样的兢兢业业。好友都劝他不要这么拼命,他却说:"我已经习惯了。"

每一个成功者,对工作从来都不会敷衍了事,他们在任何时候都能以主人翁的精神来面对工作。最终,他们也因为敬业的精神而得到了人们的尊重。

鲁迅不仅在教学中不敷衍,而且在翻译工作中也表现出了认真负责的态度,为的就是让后辈多一些精神财富。鲁迅说:"凡是翻译,必须兼顾两面,一则力求其易解,一则保持原作的丰姿。"

第三章　跟鲁迅学自省——审视自我,提升品格

鲁迅一直都非常喜欢果戈里的作品,自己创作之初,也曾深受果戈里作品的影响。有一年,鲁迅开始着手翻译果戈里的长篇小说《死魂灵》,在翻译的时候,有时为了一个名词,鲁迅就要将手头的字典查阅个遍,并且还要琢磨半天,为的就是翻译得更加生动和准确。就这样,鲁迅一直翻译了七个多月的时间,才译完这部世界文学名著。这部译本体现了原著的精神,凝聚着鲁迅的心血,给中国读者带来了一笔极大的精神财富。

现实中的我们,无论从事什么样的工作,都应该端正心态。不能因为是在为别人打工而采取应付和敷衍的态度,而是要培养出良好的职业素质,爱岗敬业的精神。只有这样,你的人格才会变得崇高,你的辛苦才能换取丰厚的回报。

阿基勃特是美国标准石油公司的一名业务员。在标准石油公司里,有成千上万的业务员,他只不过是很普通的一名,很少有人能够注意他。不过,他对工作非常尽职,除了上班时间,他还利用各种时机和场合,对公司的石油进行宣传。该石油公司的口号是"每桶4美元的标准石油",阿基勃特不仅在心里记住了这句话,还经常表现在行动上——他每到一个地方,凡是要求他签名的时候,都会在名字的下面,写下"每桶4美元的标准石油"这样几个字,哪怕是在和工作无关的私人信件或者收据上,他也不忘写上这几个字。

阿基勃特长期坚持着。他的做法受到了不少同事的嘲笑和挖苦,但是他丝毫不在意,依然一如既往地在签名上写着"每桶4美元的标准石油"的字样。有一位同事对他说:"你只是一个小小的职员,只要完成你的工作量就可以了,没有理由花大量的心思和时间去宣传公司的产品。何况公司自有它的宣传策略,根本就用不着你在这里多此一举。你这样做,没

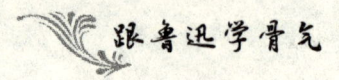

有任何意义。"

阿基勃特却认为,自己不仅是标准石油公司的业务员,更是这个公司的一分子。他有责任为公司的产品去做宣传工作。因为他的这个习惯,不少人戏谑地称他"每桶4美元"先生,没多久,公司的全体员工都知道了他的名字。

后来,公司的董事长洛克菲勒听到了这件事,感到非常震惊和感激。他说:"没想到我的公司里还有如此优秀的员工,如果不重用他,就是我的失误了。"于是,他马上请阿基勃特共进晚餐。他问阿基勃特为什么这样做,阿基勃特说:"我每写一次,就可能多一个人知道标准石油,也就可能为公司带来一份利润。"

最后,洛克菲勒卸任,阿基勃特成为第二任董事长。

敬业的人最值得人们尊重。一个不敬业的人,永远不可能获得成功。只有对待工作认真负责的人,才能够给自己带来可观的收益和更大的发展。所以,无论做什么工作都要有一种敬业精神。

如果你还是一个敷衍的人,那么就请你从此刻开始改变自己。因为你的敷衍与毫无原则,会使你不敢担当重任,得不到别人的信赖,好运自然也就不会光顾你。

第四章

跟鲁迅学美德

——以德立身,以德修行

> 以德立身贯穿于每个人的人生全过程,是一个人做人最根本的原则。有德行的人会让人尊重,令人心生愉悦;有德行的人说话有分寸,不会粗俗无礼;有德行的人端庄大方,不会做作轻浮;有德行的人会真心赞美他人,而不会嫉妒他人。在人生的不同阶段,道德对人的要求虽有着不同的变化,每个人体验和经历的内容也不一样,但"以德立身"的人生支柱是不变的,它对每个人的人生大厦起着支撑作用的定律也是不变的。

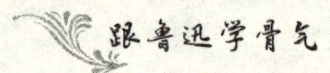

1.宽容不是懦弱

人在受到侮辱的时候,往往容易冲动,容易被愤怒冲昏头脑,容易做错事情。但如果能用宽容与博大的胸怀包容别人,就能赢得他人的尊重。宽容是要做出让步,但不是懦弱,而是一种做人的大智慧。宽容使我们变得互相理解,互相信任,互相友爱。有了宽容,就会化敌为友。

1930年,中国左翼作家联盟在上海成立,鲁迅被推举为左联盟主,高举着"团结战斗"的大旗,带领一批年轻的文艺战士同反共文艺进行斗争,用鲜血写出了中国无产阶级革命文学历史新的一页。

左联的成员除了茅盾等少数知名作家外,其他的大都是尚未成熟的文学青年。鲁迅跟某些左联成员曾一度用笔墨相讥,但鲁迅为了大局,并没有将个人的恩怨放在心上,更不会去记恨那个人。魏猛克与鲁迅的交往,是一个特别的故事。

魏猛克,笔名猛克、孟克,又作"穆克"。1929年,魏猛克从华中美术学校毕业后,到上海的美术专科学校继续深造。1933年,魏猛克经过叶紫介绍参加左联。就在同一年的2月17日,英国著名作家萧伯纳来到了上海,受到了上海文化界的高度关注,他们到码头去迎接萧伯纳上岸。当时魏猛克也去了,但却没有见到萧伯纳。这是怎么回事儿呢?原来,萧伯纳改在了另外一个地方上岸,为的就是避开欢迎的队伍和记者的访问。魏猛克心里不高兴,他没有控制住自己,在美术报刊《曼陀罗》上刊登了一篇骂萧伯纳的文章。同时又因为鲁迅之前在《申报·自由谈》上发表过《萧伯纳颂》,魏猛克便在文章中加入了一些嘲弄鲁迅的话。不久之后,魏猛克又准备办一版名为《大众艺术》的美术刊物,并画了一张题为《鲁迅与高尔基》的漫画,计划作为插图刊登在创刊号上。在这幅画中,

第四章 跟鲁迅学美德——以德立身,以德修行

高尔基的身材非常高大,而旁边的鲁迅却是又矮又胖。后来这个刊物因为某些原因没有出版,但是这幅漫画却被发表在了林语堂编辑的《论语》第十八期上。发表这幅漫画的是翻译莫泊桑小说的李青崖,画上还写了"俨然"二字。

1933年6月3日,魏猛克写信给鲁迅,说明"俨然"二字是被别人无端加上的,根本就不是作者的意思。同时,他还再次希望鲁迅于"谈谈文学"之外,不要忘记了美术的重要才好。两天之后,鲁迅给魏猛克回了信,说明了他支持萧伯纳的原因,指出个人得失是微不足道的,"要注意的是我们为社会的战斗上的利害"。鲁迅还谦逊地说:"我哪里及得高尔基的一半。文艺家的比较是极容易的,作品就是铁证,没法游移。"

鲁迅虽然受到了嘲弄,却并没有因为这件事情而跟魏猛克过不去,反而与他相处得不错。鲁迅的这种"以德报怨"的广阔胸怀,使得魏猛克非常感动。知道这事经过的人,也都从中深受教育。

鲁迅经常会成为其他人攻击的对象,如一些不负责任的文人,攻击鲁迅是"拿卢布"的,这不是严肃的论辩,而是卑琐的诬陷,这样的骂在当时可谓是非常恶毒的。然而,鲁迅却是始终能从容面对来自他人的讽刺、挖苦、撕咬以及刻毒的辱骂和攻击,时刻保持旺盛的斗志,带着一种超然的、智慧的幽默,以清醒的头脑去分析、论争。鲁迅对敌人是不宽容的,但对青年却是报以最宽容的胸怀,具有一代大师的风范。

1925年,鲁迅和高长虹等人创办了《莽原》周刊。周刊停刊后,鲁迅又与高长虹、向培良、韦素园、李霁野等继续出版《莽原》半月刊。有一次,鲁迅授意韦素园退掉了高长虹的两篇批评郭沫若和周作人的稿件,因为牵涉到批评周作人,高长虹就此误会鲁迅、韦素园的退稿是夹了人情的,便突然与他们敌对了起来。

高长虹在上海版《狂飙》周刊第2期发表了两封公开信:《给鲁迅先生》和《给韦素园先生》。在给韦素园的信中,他说:"如先生或先生等想径将《莽原》据为私有,只须公开地声明理由,或无理由而径声明偏私的意见,解除我等对于《莽原》之责任……《莽原》须不是你家的!"

鲁迅曾对高长虹十分器重,给与他很多恩惠。可是高长虹非但不领情,到头来还跟鲁迅唱反调,还给鲁迅先生冠上了"思想界的柱威者"、"青年领袖的叛徒"的"假冠",说他是"人于心身交病之状"的"世故老人"而已。

对于高长虹的诋毁,鲁迅在一封给友人的信中说:"倘要我做编辑,那么,我以为不行的东西便不登,我委实不大愿意做一个莫名其妙的什么运动的傀儡。"由此可见,鲁迅并没有徇私。然而,高长虹对鲁迅却不肯体谅,以致误会越来越深。而鲁迅则自始至终都非常宽容,并没有用骂人的方式去回击高长虹。

宽阔的胸怀是一种生存的智慧,是生活的艺术。它是看透了人生之后获得的一份从容、自信和坦然。一但有了这种智慧与艺术,人就能从容地面对人生。其实在现实生活中,人与人之间经常会产生冲突与矛盾,有的是因为认识水平不同;有的是因为某些偏见和误解;有的则是因为对对方不了解。如果你有较大的度量,以谅解的态度对待他人,忍住冲动的情绪,那么就能找到缓和的处理矛盾的方式。

瑞典的罗纳先生,一直在维也纳从事律师事务,因为思乡心切,他回到了故乡。他以为以他多年的律师生涯,在故乡找份工作应该是件轻松的事情。谁知,没有一家公司愿意聘用他,更让他生气的是,其中一家还回信说道:"罗纳先生,你对目前国内法律界的认识完全是错误的,尤其是我们公司,最讨厌的就是像你这样在国外待了几年,就以为自己可以

从容应对国内事务的人。你实在很愚蠢,你并不了解我们就邮寄来了个人简历。可以告诉你,我们不会录用你,因为你连起码的瑞典文都写不好,你的来信中充满了文法错误,实在可笑!"

看完信,罗纳气得暴跳如雷。于是,他立刻拿起笔回信,他决定要加倍地羞辱这个狂妄的人。

可是,当他准备将信投进邮筒的时候,又犹豫了。他想:自己怎么判断人家说得不对呢?本来双方就素昧平生,人家仅仅是依据那封简历来判断自己。想到这里,他不禁为自己的冲动和愤怒捏了一把汗,内心感叹道:"幸亏没有把信邮寄走。"

稍候,他再次铺开稿纸写道:"尊敬的先生,你们公司不需要我这样的人,还不厌其烦地回信给我,并细心指出我瑞典文方面的弱点,我真是太感谢了,这将非常有利于我提高自己的瑞典文水平。我为对贵公司的了解错误,感到抱歉和惭愧。今后我会接受教训,努力提高瑞典文水平,并加深对贵公司的了解和关注。最后,我万分感谢贵公司对我的帮助,并祝愿贵公司事业发达兴旺。"

几天以后,一辆轿车停在了他的家门口,公司的董事长专程来接他到公司。原来,那封回信正是这个公司的录用试题。他们的理由是,如果一个人能够以宽容和博大的胸怀面对无端的侮辱,能够把仇恨化解为友谊,这个人以后面对任何事都会从容不迫。

本杰明·弗兰克林说:"如果你老是抬杠、反驳,也许偶尔能获胜,但那只是空洞的胜利,因为你永远得不到对方的好感。"因此,你自己要衡量一下,你是宁愿要一种字面上的、表面上的胜利,还是要别人对你的好感?你可能有理,但要想在争论中改变别人的主意,一切都是徒劳。那就不妨用宽容的心态去容纳对手。宽容使软弱的人觉得整个世界都是自己的支点,使坚强的人觉得这个世界永远有温柔的港湾。如果我们想尽

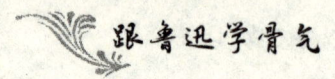

可能多地赢得别人的好感、信赖和尊敬,那么我们必须要心存宽容,真诚待人。

宽容别人的指责,勇敢地承担自己的错失,与周围的人和睦相处。所以,不必再在意他人的冷言冷语;不必去琢磨他人怎样评价你;不要在意微小的得失和过错。豁达一点,超然一点,宽容对待,你就能平静地度过每一天。

2.得理也要让三分

在人际交往中,我们要把握好"得饶人处且饶人"这个原则,要学会得理也要让三分的处事方式。中国传统美德讲究"推己及人","己所不欲,勿施于人",能原谅他人是一种美德。当对方无理,自己吃亏时,"理"自然站在你的这一方,此时不妨给对方留一点余地,不要把话说得太绝。这样一来,对方就会心存感激,来日也许还会报答你。即便他们不会图报于你,你崇高的人格光芒也不会暗淡。

俞芳在《风趣可亲的鲁迅》中写道:

有一次,夜已深了,伏案写作一天的鲁迅先生刚刚睡下,同住西屋的鲁迅家的帮工王妈和我家的另一位帮工齐妈发生口角。夜深人静,她们越吵越响,以致鲁迅先生整夜失眠。第二天,他精神不支生病了。我们三姐妹去探望,谈到口角的事,鲁迅先生问:"你们听到没有?声音可响啦。"我们便问他:"那你为什么不去'喝止'呢?其实只要你咳嗽一下,她们就不会吵了。"鲁迅先生摇摇头说:"她们吵嘴,彼此心里都有气,若制

第四章 跟鲁迅学美德——以德立身，以德修行

止她们，虽然不会再吵，但心火不消，恐怕也要失眠，与其三个人都睡不着，不如我一个人睡不着。所以还是让她们吵一吵，等话说清楚了，心里的气也就消了。"

待人处事固然要"得理"，但绝对不可以"得理不饶人"。留一点余地给得罪你的人，不但不会吃亏，还可能会有意想不到的惊喜和感动。由于每个人的价值观、生活背景不同，生活中就难免会出现分歧。大部分人一旦身陷斗争的漩涡中，就会不由自主地焦躁起来。一方面为了面子，一方面为了利益，因此一得了"理"便不饶人，非逼得对方认输不可。然而，这种"得理不饶人"的态势虽然让你获得了暂时性的胜利，但同时也吹响了下一次争斗的号角。因为对方不肯服输，为了面子或是利益，非得讨回来不可。于是，双方就陷入了斗争的恶性循环之中。

古人云："处事须留余地，责善切戒尽言。"物极则必反，否极而泰来。行不可至极处，至极则无路可续行。言不可称绝对，称绝则无理可续言。在做任何事情的时候，都要学会得理也要让三分。人生一世，万不可使某一事物沿着某一固定的方向发展到极端，而应在发展的过程中充分认识其各种可能性，以便有足够的条件和回旋余地采取机动的应付措施。争强好胜者未必掌握真理，而谦虚的人一定不会吃亏。一个越是有理，越表现得谦虚的人，本就看淡了出人头地，更不会为了小是小非而去做不值得的"雄辩"。他们是胸襟坦荡、修养深厚的人，是人格崇高的人。

汉代的公孙弘，年轻时家境非常贫困，后来经过自己的努力，当上了丞相。已位列三公的公孙弘，没有丢掉节俭的品质，生活依然十分俭朴，吃饭的时候只有一个荤菜，睡觉的时候盖的是普通棉被。大臣汲黯知道之后，就在汉武帝面前参了公孙弘一本，说他位列三公，俸禄可观，却只盖普通棉被，实质上是装模作样、沽名钓誉，目的就是为了骗取俭朴清廉

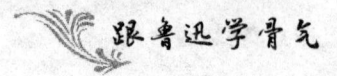

的美名。

汉武帝问公孙弘："汲黯所说的都是真的吗？"公孙弘回答道："汲黯说得一点没错。满朝大臣中，他与我交情最好，也最了解我。今天他当着众人的面指责我，正是切中了我的要害。我位列三公而只盖棉被，生活水准和普通百姓一样，确实是故意装得清廉以沽名钓誉。如果不是汲黯忠心耿耿，陛下怎么会听到对我的这种批评呢？"汉武帝听了公孙弘的这一番话，非但没有责备公孙弘，反而觉得他为人谦让，更加尊重他了。

公孙弘面对汲黯的指责和汉武帝的询问，不但不为自己辩解，反而全都承认，这是一种难得的智慧。他这样做至少表明自己"现在没有使诈"，也正因为如此，汉武帝才没有责备他。公孙弘的高明之处，还在于对指责自己的人大加赞扬，认为他是"忠心耿耿"。这样一来，便给皇帝及同僚们这样的印象：公孙弘确实是"宰相肚里能撑船"。既然众人有了这样的心态，那么公孙弘就用不着去辩解自己是不是沽名钓誉了。人们自然就会认为自己的行为只是个人对清名的一种癖好，无伤大雅。可见，得理能让人于人于己都有好处的。

汉初名将韩信，年轻时家境贫穷，他本人既不会溜须拍马，做官从政，也不会投机取巧，买卖经商，整天只顾研读兵书，最后，连一天的两顿饭也没有着落。韩信无法，只好背上祖传宝剑，沿街讨饭。

有个财大气粗的屠夫看不起韩信这副寒酸迂腐的书生相，故意当众奚落他说："你虽然长得人高马大，又好佩刀带剑，但不过是个胆小鬼罢了。你要是不怕死，就一剑捅了我；要是怕死，就从我裤裆底下钻过去。"说罢双腿叉开，摆好姿势。

众人一哄围上，想看韩信的笑话。韩信认真地打量着屠夫，竟真的弯腰趴在地上，从屠夫裤裆下面钻了过去。街上的人顿时哄然大笑，都说韩

第四章 跟鲁迅学美德——以德立身,以德修行

信是个胆小鬼。

后来韩信发奋,学得一身兵法,军事才能无人能及。在被萧何引见到刘邦帐下后,韩信很快就做了大将军,成就了自己的一番事业。

韩信忍胯下之辱而图盖世功业,成为历史佳话。试想,如果他当初为一时之气而刺死那个羞辱他的人,他也就不会有后来的一番大作为了吧。韩信深明此理,宁愿忍让三分,也不愿因争一时之短长而毁弃自己的前程。

在当今这个节奏飞快,人心浮躁的社会,很多人缺乏修养,说话总是带刺,还总摆出一副得理不饶人,高高在上的样子。其实,他们不知道,原谅他人并不是窝囊的表现,而是一种难得的高尚。在日常生活当中,给对方一个台阶下,少讲两句,得理饶人,就会缓解冲突,化解矛盾。否则,只会让对方走投无路,有时甚至会激怒对方。到最后,受到伤害的还是自己。

年轻人步入社会之后,常常会觉得人与人之间很难相处,尤其在职场上,有不少时候你会被同事说三道四,你会和同事产生误会,此时你就更要把握"得饶人处且饶人"这个原则。但是有些人却不这样认为,我饶了他,可我心里不舒服,这该怎么办呢?你要明白,如果每个人都想要自己开心舒服,那么你看到的将是一群自私的人。为了各自的利益你争我抢,让人感受不到生活的温馨。

无论你是一个卓越的人,还是一个平凡的人,在处理各种事情的时候,都要给自己留些余地,得理也要让三分,不应该有气盛、挑战、蔑视之类的行为。

不过要是遇到重大的或重要的是非问题,自然应当不失原则地维护自己的尊严与利益甚至为追求真理而献身。但日常生活中,也包括工作中发生的,往往是一些非原则问题,为这些不值一提的小事情降低了自己的人格,那将是得不偿失的。

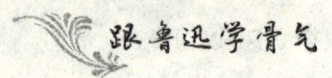

3.以诚立身,人生更精彩

人生活在社会中,总免不了要与他人打交道。处理人际关系必须遵从一定的规则,有章必循,有诺必践,这就是诚信。诚信就是诚实、守信,是做人的根本,是一个人不可缺少的道德品质之一。一个人不讲诚信,就失去了立身之本;一个社会不讲诚信,就失去了运行规则。古代的大学者都非常注重诚信,孔子说:"民无信不立。"孟子说:"言而有信,人无信而不交。"墨子说:"言不信者,行不果。"所有的这些,都强调了诚信是一种承诺,一种保证,一种真诚。最关键的是,诚信不是口头上说说的话语,而是一个人崇高人格的体现以及高洁灵魂的担当。

鲁迅是一个讲诚信的人,这是他伟大人格的一个表现方面。他曾经说过:"诚信为人之本也!诚信比金钱更具有吸引力,比美貌更具有可靠性,比荣誉更具有时效性。"

因为目睹了中医给父亲治病的经历,所以鲁迅不相信中医,对中医有了偏见,就连自己患上了病,也不到中国开的医院去看病。1912年,鲁迅到北京教育部任职,生了病就到日本医生池田在北京石驸马大街开的池田医院就诊。他相信日本医生,也相信日本人的医术。虽然日本医生看病的诊费较高,但是鲁迅还是愿意去。

从1920年8月开始,鲁迅不再到池田医院看病,转而去了山本开的山本医院。在日本医生看来,鲁迅是一个非常讲信用的人。尤其是山本医院,更是相信鲁迅的信誉。究竟到了什么程度呢?有的时候,鲁迅看病还可以不用付钱。

鲁迅日记里记载,有一次,鲁迅一次性向山本医院支付了50元的诊费和药费,那肯定是很多次看病之后的积累付费。

第四章 跟鲁迅学美德——以德立身,以德修行

鲁迅还说:"说过的话不算数,是中国人的大毛病。"言而有信是人们相互交往的一条重要的道德标准,是衡量君子、小人的重要标准尺度。言而有信的人是守诚信的人,是君子模范,是值得尊敬的人。

季札是春秋时代吴国人。他诚实守信,博学多才,深受人们喜爱。

有一次,季札奉命出使列国。当他途经徐国时,受到了徐国国君徐君的热情款待。两人一见如故,谈得十分投机。

谈话中,季札发现徐君的目光不时地投放在自己随身佩带的宝剑上,就解下宝剑,让徐君仔细观看。季札佩带的宝剑不同寻常,整个剑鞘由金玉镶嵌而成,宝剑上雕刻有栩栩如生的龙凤图案。当季札将宝剑从剑鞘中抽出来时,只见寒光闪闪。徐君不由得连称:"好剑!好剑!真是一把好剑!"

季札见徐君如此喜欢这把宝剑,很想把剑送给徐君作为纪念物。但这把宝剑是自己作为国家使节的信物,出使列国必须佩带着它,自己出使的任务还没有完成,自然不能把它赠与他人。

徐君虽然深爱这把宝剑,但他也知道季札的难处,所以并没有向季札开口。几天之后,季札离开了徐国。临行前,徐君送给了季札许多自己珍藏的宝物,让他留作纪念。望着难舍难分的徐君,季札在心里说:"徐君,等我出使归来,我一定将这把宝剑送给你。"

一段时间之后,季札出使归来,又来到了徐国。他一到徐国,就立即去见徐君。但他却得到了一个不幸的消息:徐君在不久前已经离开了人世。

季札痛苦地来到了徐君的墓地。他含泪站在徐君的坟前,用低缓的声音说道:"徐君,我来迟了,请您收下这份迟到的礼物吧!"说着,就解下宝剑,将它悬挂在墓前的松树上,并吩咐守墓的人好好守护这把宝剑。

站在季札身边的随从对季札的行为有些不解:"徐君已经不在了,您

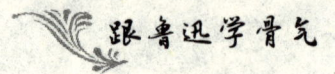

为什么还要将这把宝剑挂在这儿呢？"

季札对他说："我之前早已经许下诺言，要在回国时将这把宝剑赠与徐君。现在徐君虽然离开了人世，但我必须要信守诺言。"

季札挂剑的事情传开之后，人们无不敬佩他诚实守信的品德。

守信，是中华民族的优秀文化传统之一，自古以来，中国人都十分注重信用与信义。清代顾炎武曾赋诗言志："生来一诺比黄金，哪肯风尘负此心。"表达了自己坚守信用的处世态度和内在品格。因此，中国人历来把守信作为为人处世，齐家治国的基本品质，言必行，行必果。

人际交往中，诚信是最高明的处世之道，也是最有效的成功素质之一。人无信不立，不做言过其实的许诺，不做言而无信、背信弃义的丑行，这样的人才算是有魅力的人，靠得住的人。所以，纵使万般艰难，也须言行如一，表里如一，绝不可背信弃义。

春秋战国时，秦国的商鞅在秦孝公的支持下主持全国变法。当时正处于战争频繁、人心惶惶之际，商鞅为了树立威信，推进改革，于是下令在都城南门外立一根三丈长的木头，并当众许下诺言："谁能把这根木头搬到北门，赏金十两。"围观的人不相信这般轻而易举的事会能得到如此高的赏赐，都不肯出手一试。接着，商鞅将赏金提高到五十金。重赏之下必有勇夫，终于有人站起将木头扛到了北门。商鞅也信守诺言，立即赏了他五十金。商鞅这一举动，在百姓心中树立起了威信，而他接下来的变法也很快在秦国推广开了。

诚信，对于做人或是处世，乃至一个民族都非常重要。如果个人不讲诚信，这个社会也不讲诚信，那将会是一件多么可怕的事情！中国古人有言："君子以诚信为本，小人以趋利为务。"可见，处之本，在于诚信。为人

处世绝不能见利忘义,不讲信用。做人最根本的一条是诚信。诚信是每个人的根本灵魂;诚信是每个人的安身立命之本。在如今这个浮躁的社会,每个人都需要以诚立身。一个人如果时时、处处、事事讲信用,那么他的事业将会走向成功,人生将会亮丽多姿,那么这个世界将会变得无比美好与和谐。

当然了,一个人想加强自己的信用,并不是心里想想,口头上说说就能实现的,必须要有一颗坚强的心,并努力奋斗去实现。只有实际的行动才能实现心中的志愿,也只有实际的行动才能有所成就。

4.不耻下问,谦虚修身

保持谦虚的态度不仅是事业的需要,也是做人应有的胸怀、觉悟和品格。做一个谦虚的人,就要保持一颗平静的心,无论是身居高位,还是地位卑微,没有任何一个人能在每一个方面都超过别人。做一个谦虚的人,就要保持一颗坦荡的心,既不因自身的长处而骄傲,也不因自身的短处而气馁,也不因别人的优点而妒忌,更不因别人的不足而嘲笑;做一个谦虚的人,就要保持一颗进取的心,知识的海洋浩瀚无边,虽然穷尽毕生精力也只能掬起一朵浪花,但在不断自我超越的过程中,人生会变得更加充实,自身价值也会不断得到升华;做一个谦虚的人,就要保持不耻下问的态度,多向别人学习,积极改进自己。

生活中的鲁迅是一个从来都不赌博的人,然而,他却能在小说中将赌博的情节写得惟妙惟肖,给人的感觉是鲁迅是一个颇懂得赌博之道的人。其实,鲁迅为了写好赌博的情节,还曾专门拜人为师,学习赌博。有一个名叫王鹤照的工人就是教鲁迅赌博之道的老师。

王鹤照十分熟悉市井平民的生活,懂得赌博场上的很多东西,比如押牌宝、搓麻将、玩竹牌的方法以及赌徒们的规矩和场面。在鲁迅想了解赌博之道时,王鹤照就毫无保留地把自己所知道的东西都传授给了鲁迅,同时还教给了鲁迅赌博时唱的歌谣。

在王鹤照讲述赌博之道时,鲁迅就像一个小学生,认真听老师讲课。他一边认真听,一边用笔作记录,还不时地提出问题。没多久,鲁迅就掌握了赌博的门道。

后来,鲁迅在写《阿Q正传》时,其中有两处写到了赌博的情节,一处是阿Q押牌宝的情景,鲁迅是这样写的:"阿Q即汗流满面地夹在这中间,声音他最响:'青龙四百!''咳……开……啦!'庄家揭开盒子盖,也是汗流满面地唱:'天门啦,角回啦……人和穿堂空在那里啦……!阿Q的铜钱拿过来……!'"

另一处是阿Q从城里长了见识回来,鲁迅写道:"未庄的乡下人不过打三十二张的竹牌,只有假洋鬼子能够叉'麻将',城里却连小乌龟子都叉得精熟的,什么假洋鬼子,只要放在城里的十几岁的小乌龟子手里,也就立刻是小鬼见阎王了。"

正因为鲁迅提前向王鹤照虚心求教了赌博之道,他才能在作品中生动地写出赌博的情节。

按理说,鲁迅的身份比工人王鹤照高,但是他却不耻下问,虚心向王鹤照请教,足见鲁迅的谦虚。鲁迅能够将自己放低,学习别人的长处,在不知不觉中也提高了自己的能力和智慧。

谦虚并不是耻辱,而是一种清醒的自我认知。拥有谦虚美德的人才能为大家所折服,才能欣赏、理解、包容自己的对手,看淡结果的得与失。如

第四章 跟鲁迅学美德——以德立身,以德修行

此一来,在面对竞争对手的时候,就可以微笑着、气定神闲地迎接挑战。胜利了,就赢得辉煌;失败了,也会收获很多东西。

李嘉诚是一个积极向竞争对手学习的人。他是国内外知名的企业家,曾被评为亚洲最有影响力的人。他的和记黄埔集团是全球港口业的龙头老大,业务遍及41个国家。一般人只知道李嘉诚是一个能够在商场中纵横自如的华人首富,然而很少人知道李嘉诚事业的转折点就是从向竞争对手学习开始的。

1957年春天,李嘉诚为了了解塑胶花产品的生产工艺,决定去意大利考察。

他在一间小旅馆安顿下来后,就迫不及待地去寻访那家在世界上开风气之先的塑胶公司,经过两天的奔波,李嘉诚风尘仆仆地来到该公司门口,但要如何获取技术还是一大难题。要知道,任何一个厂家对于新产品的技术都是严格保密的。

无奈之下,李嘉诚只好去这家公司的塑胶厂打起了小工,他被派往车间做打杂的工人。主要负责清除废品废料,他推着小车在厂区各个工段来回走动,双眼却恨不得把生产流程吞下去。李嘉诚收工后,就急忙把观察到的一切记录在笔记本上。

整个生产流程算是都熟悉了。可是,属于保密的技术环节还是一无所知。有一天,李嘉诚邀请数位新结识的朋友,到一家中国餐馆吃饭,这些朋友都是某一工序的技术工人。李嘉诚用英语向他们请教有关技术,佯称他打算应聘技术工人。终于通过眼观耳听,大致悟出了塑胶花制作配色的技术要领。

几个月后,李嘉诚满载而归。随身到达的,还有几大箱塑胶花样品和资料。

李嘉诚回到长江塑胶厂后,不动声色地把几个部门负责人和技术骨干召集到办公室,他宣布,长江厂将以塑胶花为主攻方向,并要借此使长江厂更上一层楼。

于是,李嘉诚在香港快人一步地研制出塑胶花,填补了香港市场的空白。

李嘉诚又在人无我有、独家推出的第一时间,以适中的价位迅速抢占了香港所有塑胶花市场,一举打响了长江厂的旗号。

李嘉诚走"物美价廉"的销售路线,大部分经销商都非常爽快地按李嘉诚的报价签订供销合约。有的为了买断权益,还主动提出预付50%的订金。

李嘉诚掀起了香港消费新潮流,长江塑胶厂也由一个默默无闻的小厂一下子蜚声香港塑胶界。

李嘉诚的成功固然与他独到的眼光分不开,但是如果他不积极向竞争对手学习,他也不可能取得那么骄人的成绩。

"人外有人,天外有天",一个人不可能时时处处胜过所有的人。但只要保持谦虚的态度,学习别人的智慧,就可以弥补自己的不足。

谦虚是一种修养,谦虚者的身上看不到浮华夸耀的影子。一个人只有对自己和世界都进行了准确、客观的认识和定位后,才会以谦虚的人生态度来面对人生。

有一个年轻人,一心想学丹青,却苦于找不到满意的老师,他向法门寺的住持释圆大师诉说自己求师无门的烦恼。

释圆大师笑着问道:"这么多年来,你一直都没有找到一个满意的老师吗?"

年轻人深深地叹了口气:"我拜访过很多所谓的名师,也欣赏过他们的作品,但发现他们当中的很多人画技还不如我,真是徒有虚名啊!"

释圆大师听后淡淡一笑:"老僧虽然对丹青没有研究,但也喜爱收集

第四章 跟鲁迅学美德——以德立身,以德修行

一些名家精品,既然施主的画技不比那些名家逊色,就请为老僧留下一幅墨宝吧。"说着,便吩咐人准备好笔墨纸砚。

释圆大师说:"老僧别无它好,唯独爱品茗饮茶,尤其喜爱造型流畅的古朴茶具。施主可否为我画一个茶杯和一个茶壶?"

年轻人说:"这很容易,请稍等片刻即可。"

于是年轻人调好一砚浓墨,铺开宣纸,寥寥数笔,一个倾斜的水壶和一个造型典雅的茶杯便出现在纸上了。只见那壶嘴正吐出一股茶水,注入到了那茶杯中去。

年轻人看着自己的作品,露出欣喜之色,问释圆大师:"您请看这幅画,满意吗?"

释圆大师微微一笑,摇了摇头,说:"施主确实画得不错,只是这幅画上你把茶壶和茶杯放错了位置,应该是茶杯在上,茶壶在下才对呀。"

年轻人听了,笑道:"大师为何如此糊涂,茶壶往茶杯里注水,哪有茶杯在上茶壶在下的道理呢?"

释圆大师又微微一笑:"原来施主知道这个道理啊。杯子只有比茶壶放得低,壶中的香茗才能被注入杯中。施主虽然渴望自己的作品能吸收丹青高手的灵气,可是你总把自己的杯子放得比茶壶还高,又怎么能吸收到灵气呢?"

在生活中,只有做到谦虚,主动把自己放低,才能吸纳到别人的智慧和经验,自己才能取得进步。多问别人,多向有经验的人请教,就能避免多走弯路。

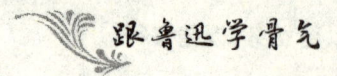

5.节俭,是人格与品质的表现

　　静以修身,俭以养德,节俭是一种传统美德。关于节俭,古往今来,无数名人为我们树立了"节俭"的榜样,使得"节俭"具有更加丰富与深刻的内涵。老子说:"夫我有三宝,持而保之:一曰慈,二曰俭,三曰不敢为天下先。"老子把节俭视为持身处世的法宝之一。孔子说:"奢则不孙,俭则固。与其不孙也,宁固。"意思是说,奢侈显得傲慢,节俭显得寒酸。与其傲慢,宁可寒酸。《忍经》云:"以俭治身,则无忧;以俭治家,则无求。"用节俭来修身养性,就不会有大的忧患;用节俭来治理家务,就不会有过多的请求。节俭,能守住做人的"贞节",能守住为人的"气节"。节俭,是基本的修身之道;节俭是做人的本色。

　　鲁迅在生活中养成了节俭的作风,跟他艰难的少年经历有一定的关系。"有谁从小康人家而坠入困顿的么,我以为在这途中,大概可以看见世人的真面目。"经历了世态炎凉的鲁迅,看透了人情势利,懂得了生活的艰辛。

　　1923年,鲁迅先生在北京大学和北京师范大学任教,同时还兼任北京女子师范大学的讲师。第一次到女子师范大学上课的时候,同学们被鲁迅的穿着惊呆了。只见他一双胶底帆布鞋,一件已褪了色的、腋下和肘部还打着补丁的蓝夹袍。更让同学们惊讶的是,鲁迅手里拎的不是大皮包而是一个旧包袱。这就是俭朴的鲁迅,是在教育部任职并身兼几所大中学校课程的鲁迅。

　　鲁迅写文章,几乎不用昂贵的毛笔,用的是每支五分钱的'金不换'毛笔。鲁迅的三弟周建人先生在《略讲关于鲁迅的事情》一书中说:"这种笔,鲁迅先生差不多用了一生,我记不起看见他用过别的笔。他病时,还

第四章 跟鲁迅学美德——以德立身,以德修行

叫我们托人去买这种笔,但买好寄到时,人已不在了。"鲁迅用的墨,也是非常普通的。但就是用这样的东西,鲁迅还是留给了人们一千多万字的手稿,25年的日记和5000余封书信墨迹,具有极高书法价值的手迹。

萧红在《回忆鲁迅先生》一文中提到鲁迅家的三道家常菜:一碗素炒豌豆苗,一碗笋炒咸菜,再一碗黄花鱼。虽荤素搭配,但是却是非常简单的菜肴。即便是过新年,鲁迅也是十分简朴。1933年的除夕夜,他"治少许肴,邀雪峰夜饭"。1936年,鲁迅给母亲写信说:"过年景象……家中只买一点食物,大家吃吃。"

过着如此俭朴的生活,难道是因为鲁迅贫穷吗?非也。鲁迅的收入有三个来源:固定的薪水、讲课费、稿费。只是这些就足以让他过上奢侈的生活,但是鲁迅为什么又克制自己的日常用度呢?因为节俭是他崇高人格与高尚品质的表现。节俭不仅是一种道德修养,也是一种精神追求。它使人性得到升华,使人格变得高尚。任何时候,这种美德都不能丢。

春秋时期,鲁国的宰相季文子是一个以节俭为立身之本的人。季文子不仅出生于三世为相的家庭,而且自己也身居高位多年,但是他却做到了一生俭朴,并且还严格要求家人也这样做。他的住房非常简陋,家里仆人也不多,饮食粗茶淡饭,衣服不脏,不破就很好,就连每次出行乘坐的马车也都极为简单。

看到季文子如此节俭,仲孙它对他说:"你是鲁国的重臣,做过两代君王的相国,可谓地位显赫。但是你的妾不穿丝绸,马不吃粮食,别人会笑话你吝啬小气,这不会为国家带来光彩啊!"季文子严肃地对他说:"我也希望我的妾室穿丝绸,用粮食喂马。但是,我看到很多老百姓吃得差、穿得差,所以不敢那样做。给妾室和马匹那么好的待遇,恐怕不是国相应该做的事情吧。况且,我听说给国家增添光彩的是德行荣誉,而不是妾室和

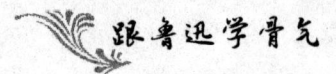

马匹。"

仲孙它听完之后哑口无言,羞愧地低下了头。

过分地追求物质消费和感官享受,会让人失去理智,迷失方向,降低人格。而节俭,有助于一个人修身养性、陶冶情操。节俭是一种美德,是一种修养。节俭是对自身欲求有节制,对国家、民族、家庭、自我负责任。颜回在清苦生活中,守其志而不改,体现了一代名家的风范。季文子论妾马,自我节制外物诱惑,让节约成了做人的道德标准。

在当下,随着改革开放的不断深入,我们的生活水平也在不断地提高,年轻人讲享受,谈消费,与他们的父辈和祖辈在观念上完全不同了。或许会有人说,时代不同了,观念自然会变,对物质享受的要求也是会随之变化的,有什么值得非议的呢?其实,这里边有个作风的问题。过于吝啬自然可笑,肆意铺张浪费则更属可恶。穿着细事之中,礼尚往来之际,确关乎修养问题。将物质文明孤立起来,抽掉了精神文明,无论如何总是一种缺憾。司马光"会数而礼勤,物薄而情厚"的说法就非常可取,无论朋友亲戚,常聚常会,年节假日纪念性或象征性的礼品相酬,彼此其乐融融。情厚不在礼重,反之,情薄而处利害中倒可能要以厚礼维系。那种以厚礼相交的友情不是件很悲哀的事吗?

俭朴的人看似小气,实则是内心的一种大气,是内心淡泊的表现。俭朴的生活能磨炼意志,锻炼吃苦耐劳,坚韧顽强的精神,使人们在通往理想的道路上,披荆斩棘,奋勇直前。"一粥一饭,当思来之不易;半丝半缕,恒念物力维艰。"每个人都应该注重节俭,并且弘扬这种美德。节俭不仅体现了一个人对他人劳动成果和人格的尊重,也体现了一个人对国家、对人类的责任感。节俭不是不懂得生活,而是用更理性的态度去享受生活。

6.真诚待人,方能收获尊重

在人与人的交往过程中,我们都渴望得到对方的认可和尊重,这就需要我们具备一个前提,那就是"真诚"。曾国藩说:"一念不生是谓诚,故'诚于中必能形于外'。"真诚在内心就是纯净无染,表现于外就是真实不虚、率真自然。真诚的人都是心怀坦荡、正直无私的人。真诚是人生最高的美德,能温暖人心,净化心灵。只有真诚的人,才有资格谈情操、气节和教养,才能赢得他人的尊重和信任。

生活中的鲁迅并不是一个严肃、枯燥的人,而是一个有人情味、真诚待人的人。

萧红回忆有一次从鲁迅家出来时,已是深夜一点,鲁迅先生嘱咐出来送她的许广平,一定让她坐小汽车回去,并且一再嘱咐许先生付钱。

还有一次在鲁迅家里闲谈,萧军看见桌子上有一具小孩钓鱼的人形玩具,为了试试钓竿到底有多大弹力,他用粗大的手指不停地摁起来,终于,"咔"的一下钓竿断了。鲁迅先生望了萧军一眼,萧军直觉到先生"瞪"他,便感到自尊心受伤害了,从此就不到先生家里去了。萧红却照样欢欢喜喜地前去。鲁迅先生很快察觉了,问萧红:"那一位(指萧军)怎么好几天没有来?""他说你瞪他了,他不来了。"鲁迅温和地笑了,说:"告诉他,还是来吧!我没'瞪'他,我看人就是那个样子……还是来吧!"

萧红回去转达了鲁迅的话,萧军正苦于找不到台阶,一听这话,第二天赶忙跑到鲁迅家里。开始他还有点不自然,但鲁迅压根就不提萧军怄气的事,好像什么事也没有发生过。渐渐地,萧军又恢复常态,同鲁迅高谈阔论起来。

跟鲁迅学骨气

鲁迅说:"友谊是两颗心真诚相待,而不是一颗心对另一颗心的敲打。"一个人的内涵如何,大多是从他的待人之道上体现出来的。如果他对别人傲慢无礼,那也就恰恰体现了此人的修养不够,若他以真诚之心对待每一个人,能敞开心扉,而不遮遮掩掩。那么,别人也会这样对待他,简而言之,你待人如何,也就是对自己如何。只有你对别人真诚,别人才能对你信任。只要我们真诚地关心他人,帮助他人,设身处地地为他人着想,他人就能以亲切的感情来对待我们,这样人与人之间的情谊就会更为密切。

真诚是心胸开阔和充满自信的表现,是争取谅解、赢得人心和化解困境的好办法。真诚是人生的一种智慧,它能够促进人与人之间的尊重与信任,提升个人的人格魅力。

1928年,散文家沈从文被中国公学学校聘为讲师。那时的沈从文才26岁,只是小学文化水平,来到上海的时间也不久,身上还带着一股泥土气息。可就是这样,他却以灵气飘逸的散文而震惊文坛,颇有名气。

但是,名气不等于经验,也不等于胆量。在沈从文第一次走上讲台的时候,除原班学生外,慕名来听课的人也很多。面对台下渴盼知识的学子,这位大作家竟然在讲台上呆站了整整10分钟,一句话也说不出来,真是茶壶煮饺子,肚子里有货倒不出来。后来,他开始讲课了,由于紧张,原先准备要讲一节课的内容,他居然10分钟就讲完了。

课讲完了,可是离下课的时间还早,沈从文没有死撑面子天南海北地侃下去,而是拿起粉笔,在黑板上一笔一画端端正正地写道:"今天是我第一次上课,人很多,我害怕了。"这老实可爱的真诚话语,引得课堂上爆发出一阵善意的欢笑。原本心怀不满、认为他是"盛名之下,其实难副"的学生也毫无怨气了。

第四章 跟鲁迅学美德——以德立身,以德修行

真诚是一种高贵的品质。要做到真诚,不能只在表面上下工夫。说话表情再好,而内心不诚,也只是"巧言令色"罢了,对方定会看出你的虚伪;相反,只要内心真诚,对方定能体会到你的诚意,也一定会被你的真诚打动。

人与人之间的相处是靠心灵的沟通和慰藉,每个人都不想跟虚伪的人相交往。既然每个人都不想面对虚伪,那么每个人都要做一个真诚的人,切忌平时欺骗他人。欺骗也许能得一时之利,却不能维持长久。如果你的欺骗被人看出,即使以后你真的有诚意,仍会被认为是另一种姿态的虚伪。

在商场上,李嘉诚总是以一颗真诚的心对待别人,不怕别人亏待自己,就怕自己亏待别人。他说过这样一句话:"不怕没生意做,就怕做断生意。"李嘉诚对于诚信的追求很严谨,他反复告诫部下:"你要想让别人信服,就必须付出能让别人信服的双倍努力。"为了赢得信赖,就得吃一些亏,他不怕吃亏,因此,他总是能得到别人的信赖。他说:"有时,一件看似很吃亏的事,往往会变成非常有利的事。"

在创业的第五年,李嘉诚准备装运一批塑胶玩具给外国客户,但对方在最后一刻突然要求取消订单。李嘉诚并没有向对方要求索赔,他认为自己的货物不愁销路。所以,他很真诚的向对方表示,这次生意不成,以后还有机会继续做生意,日后也还可以建立友好的关系。这次事件过去不久,突然有个美国客户找上门来,订了很多塑胶产品。原来,该公司的一位高级职员认识以前突然取消订单的那位外国客户,是由他介绍来找李嘉诚的,说李嘉诚的公司不仅规模大,而且信誉特别好。李嘉诚以自己的真诚,为自己带来了滚滚的财源。

如果说处于顺境时讲诚信还好理解的话,那么处于逆境之时,许多人就很难继续坚持其诚信了,正所谓"良心丧于困地"。然而,李嘉诚的诚信

却能一贯坚持。1998年,他在接受香港电台访问时说道:"在处于逆境的时候,你要问自己是否有足够的条件。当我自己处于逆境的时候,我认为我够!因为我有毅力始终坚持以诚信待人,肯建立一个信誉。"

每当事业出现挫折时,李嘉诚都可以凭借自己良好的诚信,用自己的诚意打动顾客,因此,他每次都可以顺利渡过难关,扭转局势。

李嘉诚的人生,一路走来也是荆棘满地,坎坷不平的。但他始终待人真诚,坚持信誉第一,这才化解了一个又一个的困难,赢得了顾客的信任。

生活中的你,只要内心真诚,即便拙于辞令,拙于表情,却依旧能体现出你的朴实。诚且朴实,效力更大,只要对方对你素无误会,你的真诚,必能感人。你付出真诚,必定能收获尊重。

7.为朋友着想,才是真友情

如今的我们,迫于现实生活,或多或少都会带着功利心与人交往。当一个人位高权重时,人人都会围绕在他身边,为他"歌功颂德";而当一个人的地位一落千丈时,则人人都会离他而去,甚至还会落井下石。"朋友"一词的意味早已发生了变化,所谓朋友,大多是能互相利用罢了,那种"君子之交淡如水"的时代也似乎一去不复返了。

爱因斯坦说:"世间最美好的东西,莫过于有几个头脑和心地都很正直的真正的朋友。"什么样的朋友才是真正的朋友?只要能为他人着想的就是。只要我们有一颗善良的心,有一个理智的头脑,在人生旅途中就能

第四章 跟鲁迅学美德——以德立身,以德修行

结交到永远的朋友。

有这样一则故事:一个盲人在夜晚走路时,手里总是提着一盏明亮的灯笼。人们很好奇,就问他:"你自己什么也看不见,为什么还要提着灯笼走路呢?"盲人回答说:"我提着灯笼,既为别人照亮了路,同时别人也容易看到我,不会撞到我。这样既帮助了别人也保护了自己。"这个简单的故事告诉我们,遇到事情,一定要学会替别人着想,因为替别人着想也就是替自己着想。朋友之间也应如此,只有相互着想,才能缔结出真正的友谊之花。

鲁迅对敌人毫不客气,然而对朋友却是仁厚待之,遇事总是先为朋友着想。林语堂是鲁迅先生志同道合的好友,他们一起经历过很多事情。有一年,在女师大学潮中,林语堂和鲁迅一起站在进步学生一边,参加了学生的示威游行并同反动军警搏斗。1926年,鲁迅与林语堂都到了厦门大学当老师,当时顾颉刚也正好在那里任职。顾颉刚与现代评论派的胡适、陈源交往不错,但是因为陈源曾在女师大学潮中对鲁迅实施过人身攻击,所以,鲁迅不仅厌恶陈源,还捎带着厌恶顾颉刚。顾颉刚是一个善于社交的人,先后将潘家洵、陈万里、黄坚、罗常培、王肇鼎等人招到了厦门大学,并且很快就形成了一股势力,对鲁迅百般嘲讽。

那时,鲁迅常跟妻子许广平通信,诉说这种苦恼,还表露出了想要离开厦门大学的意思。后来,中山大学向鲁迅提出了聘请,但是鲁迅并没有高兴起来,也没有立即去中山大学。因为鲁迅先生在为林语堂考虑。鲁迅曾说过:"就只怕我一走,语堂立刻要被攻击,因此有些彷徨。"鲁迅为林语堂的处境着想,竟不惜委曲求全,选择继续留在厦门大学。

为朋友着想,是一种胸怀、一种博爱、一种境界。余秋雨说:"真正的友情不依靠什么。不依靠事业、祸福和身份,不依靠经历、方位和处境,它在本性上拒绝功利,拒绝归属,拒绝契约,它是独立人格之间的互相呼应和确认。它使人们独而不孤。互相解读自己存在的意义。因为所谓朋友,也只不过是互相使对方活得更加温暖、更加自在的那些人。"

有一个牧场主人养了许多羊。他的邻居是个猎人,院子里饲养了一群凶猛的猎狗。这些猎狗经常跳过栅栏,到牧场里袭击小羊。

牧场主人好几次找到邻居,请他将猎狗管好,但是邻居只是口头上答应,实际上并没有约束那些猎狗。因此,猎狗还是会经常冲进牧场里,撕咬小羊。

牧场主人忍无可忍,便找到了镇上的法官,希望法官为他评评理。这位法官听了他的控诉后,对他说:"我可以处罚那个猎户,也可以发布法令让他把狗锁起来。但这样一来你就失去了一个朋友,多了一个敌人。你是愿意和敌人作邻居呢?还是和朋友作邻居?"

牧场主人想了想说:"我不想跟他成为敌人,还是做朋友吧。"

法官说:"那好,我给你出个主意。你若按我说的去做,不但可以保证你的羊群不再受骚扰,还会为你赢得一个友好的邻居。"

牧场主人听完法官的交代,就赶回家去了。

一到家,牧场主人就按法官说的挑选了3只最可爱的小羊羔,送给猎户的3个孩子。他们看到可爱温顺的小羊,都非常欣喜,每天放学后都要跟小羊玩耍嬉戏。猎人担心猎狗会伤害到孩子们的小羊羔,于是就做了一个大铁笼子,将那些猎狗都锁了起来。

自此以后,牧场主人的羊群再也没有受到猎狗的骚扰。而邻居为了答谢牧场主人,开始送给他各种猎物,牧场主人也时常送给猎户羊肉和羊奶。就这样,两个人成了非常要好的朋友。

真正为朋友着想的人,从不考虑对方会给自己什么样的丰厚的报酬,

第四章 跟鲁迅学美德——以德立身,以德修行

而是默默地为朋友奉献。这样的人大度、无私,值得交往。

有一天傍晚,一只山羊独自在山坡上玩耍。突然一只狼从树林中窜出来,朝着山羊扑了过去。山羊跳起来,拼命用羊角抵抗,并大声向朋友们求救。

牛在树丛中向这个地方望了一眼,发现是狼,二话没说转身就跑了;马低头一看,发现是狼,立即一溜烟跑了;驴停下脚步,发现是狼,悄悄地溜下了山坡;猪经过这里,发现是狼,也冲下了山坡;兔子一听,发现是狼,更是飞快离去。唯独山下的狗听见羊的呼喊声后,急忙奔上坡来,一下子咬住了狼的脖子。狼疼得直叫唤,趁狗换气时,仓皇地逃走了。

山羊安全地回到了家,刚才那些逃跑的动物们都围了过来。牛说:"你怎么不告诉我?我的牛角可以击穿狼的肚子。"

马说:"你怎么不告诉我?我的马蹄可以踢碎狼的脑袋。"

驴说:"你怎么不告诉我?我吼叫几声,就能吓破狼的胆。"

猪说:"你怎么不告诉我?我用嘴一拱,就能把它拱下山去。"

兔子说:"你怎么不告诉我?我跑得快,可以帮你找帮手啊。"

而在这一群闹嚷嚷的动物中,唯独狗没有在场。

真正的朋友不会在你有困难时离开,相反,他还会想尽一切办法帮你解决问题。在当今社会,我们要学会做人,学会关心朋友,学会为朋友奉献,学会遇事多为朋友着想。因为只有这样,两个人之间的友谊才会更深厚,更长久。

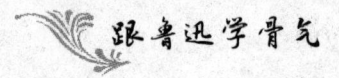

8.敢于指出朋友的错误

友谊十分珍贵,值得每个人去珍惜。每个人都会犯错,朋友也会,那么在朋友犯错时,我们该怎么办呢?是放任他错下去,还是指出他的错误,帮助他纠正错误呢?显然,后者才是明智的选择,才是朋友之间真正的相处之道。

在中国近代,鲁迅与蔡元培是思想文化界和教育界的名人。他们之间的关系非常密切,可以说蔡元培是鲁迅一生中对他影响最大的一个人。若是没有蔡元培的帮助,鲁迅的人生也许会是另一番模样。

在蔡元培任教育部长时,鲁迅经许寿裳推荐,进入教育部工作;在蔡元培任北京大学校长期间,鲁迅的弟弟周作人进入北京大学任教。鲁迅兄弟二人的收入不错,还将母亲接到了北京。可以说,蔡元培对鲁迅兄弟有知遇之恩。

蔡元培在做北京大学校长期间曾出现了一次过失,鲁迅为此大发议论,将蔡元培批评了一番。

那是1922年的10月份,北京大学部分学生反对学校征收讲义费,于是发生了学潮,导致蔡元培提出辞职。后来经过学生们极力挽留,蔡元培才恢复职位。最后,该校评议会决定取消讲义费,但前提是将学生冯省三开除。其实冯省三只是个"替罪羊"。为什么这么说呢?因为在第一、二节课课间期间,同学们看见校长室门口拥挤了一大堆人,不知何事,就都来看热闹。冯省三也正好在这个时间内看热闹,不成想被挤到了校长办公室的门前,这时他才知道是"反对讲义收费"的事,而他却因此被认为是这件事的主持者。鲁迅对蔡元培的处理有些不满,于是就写了《即小见大》一文:

第四章 跟鲁迅学美德——以德立身,以德修行

即小见大

北京大学的反对讲义收费风潮,芒硝火焰似的起来,又芒硝火焰似的消灭了,

其间就是开除了一个学生冯省三。

这事很奇特,一回风潮的起灭,竟只关于一个人。倘使诚然如此,则一个人的魄力何其太大,而许多人的魄力又何其太无呢。

现在讲义费已经取消,学生是得胜了,然而并没有听得有谁为那做了这次的牺牲者祝福。

即小见大,我于是竟悟出一件长久不解的事来,就是:三贝子花园里面,有谋刺良弼和袁世凯而死的四烈士坟,其中有三块墓碑,何以直到民国十一年还没有人去刻一个字。

凡有牺牲在祭坛前沥血之后,所留给大家的,实在只有"散胙"这一件事了。

按常规来说,鲁迅不应该在报纸上公开批评对自己有恩的人。但是,鲁迅却这样做了,他暗示蔡元培对冯省三的处理不恰当。不过,蔡元培也是一位胸襟开阔的人,之后他们依然保持着良好的友谊。当鲁迅寓居上海以写文章为生时,身为中央研究院院长的蔡元培又向他伸出了援助之手。

每个人都有犯错的时候,即使是我们的朋友也不例外。作为朋友的我们,当朋友犯错的时候,一定要指出来,并恰当地批评。这样才能帮助朋友改正错误,并且还不会伤害到彼此之间的友情。

有一天,小张将自己的旅游经历写成了文章,并给做编辑的朋友小赵发了过去,请他看一看,提提意见。过了几天,朋友小赵将文章返还给小张。小张打开一看,顿时吃了一惊,原来,文章上有多处红色标记,而每

一处标记上还有很多密密麻麻的小字评语,就连标点符号也一一改正了过来。

小张看了小赵给出的评语及建议,心里不禁感慨起来,同时也非常感动。因为在这个世界上,能够指出错误并且批评朋友的人实在是不多见。此后,小张倍感珍惜他与小赵的友谊,庆幸身边有这么一个敢于指出自己错误的人。

很多时候,我们的自尊心驱使我们不愿意承认自己的错误,更不愿意听到别人的批评,有的人甚至还会因此记恨指出他错误的人。其实仔细想想,这些人才是真正对你好的人。他不仅不会眼睁睁地看你继续错下去,还会不遗余力的将你引向正轨。正如马云说的:"那些私下忠告我们,指出我们错误的人,才是真正的朋友。"

9.不要轻视弱者

鲁迅说:"勇者愤怒,抽刃向更强者;怯者愤怒,却抽刃向更弱者。"前者有勇气,敢于挑战强者,是骨气;后者恃强凌弱,是怯懦。但不可否认的是,现实生活中很多人的内心深处都有着恃强凌弱的本性。然而,每个人都有自己的人格与尊严,即便是弱者也不例外。他们的尊严也是不容轻视,不能轻易侵犯的。

在犹太民族中流传着两句这样的话:"不要看不起穷人,因为有很多穷人是非常有学问的。不要轻视穷人,他们的衬衫里面埋藏着智慧的珍珠。"犹太人一直有尊学、重学的传统,尤其是对于贫穷犹太人的智慧,他

第四章 跟鲁迅学美德——以德立身,以德修行

们总是更为尊重。

犹太人有这样一则民间故事,教导人们不要看不起穷人。

一个虔诚的人继承了一笔财富。在安息日前夜,他就开始为安息日日落前的食物做准备。有一次,由于急着办事,他在安息日前必须暂时离开家一段时间。在回家的路上,一个乞丐向他乞讨买安息日所需食物的钱。

乞丐将手伸向了这个虔诚的人,谁知他非但没有给乞丐钱,还大声地斥责对方说:"你怎么能一直等到最后一刻才买你的安息日食物呢?从来没有人会像你这样做的。你肯定是骗钱的。"说完之后,头也不回地走了。

虔诚的人回到家后,将这件事情告诉了妻子。他的妻子听完之后对他说:"我要告诉你的是,这件事情你做错了。你从来都没有品尝过贫穷的滋味,根本就不知道什么是贫穷。我在穷人家长大,常常想到以前的事情,那时天几乎全黑了,安息日快来了,而我的父亲依旧在为家人寻找食物而忙碌,哪怕就是一点点的面包。你对那个穷人有罪!"

虔诚的人听了妻子的一番话后,心里有所感悟,于是赶紧走到街上去寻找那个乞丐。只见那个乞丐仍然在寻找安息日的食物,虔诚的人给了乞丐安息日所需的面包、鱼、肉,并请求他原谅自己。

在犹太社会里,尽管也有贫富差距,但犹太人尊重穷人的传统一直没有变。不嫌贫爱富,把尊重穷人,施舍穷人作为自己的义务,是犹太人团结友爱的处世智慧之一,也是他们人格伟大的表现之一。

其实,强大与弱小之间是相对的,我们不能轻视任何一个弱者,因为再弱的人也有坚强的一面;若能多了解他们的长处、优点,处理好与他们的关系,彼此之间才是真正的和谐。

杰克·伦敦年轻时是个穷小子,经常遭遇不幸。14岁那年,他用借来的钱买了一条船,以捕捉牡蛎为生。然而,时间不长,在一次捕捉牡蛎的时候,他被水上巡逻队抓住了,被罚当劳工。幸运的是,杰克·伦敦逃了出来,成了一名流浪水手。

两年之后,杰克·伦敦跟随姐夫来到了阿拉斯加,加入了一支淘金队伍,成了一名淘金者。杰克·伦敦认识了不少淘金者,并且与他们成了朋友。这些朋友大多是贫苦的人,但从他们的言谈举止中能看出他们的生存意志。

杰克·伦敦的朋友中有一位叫坎里南的中年人,他来自芝加哥,具有一段很长的辛酸经历。杰克·伦敦经常听他讲过去的故事,并常为这些故事所感动。同时,杰克·伦敦也更加坚定了心中的一个目标:写作,写淘金者的生活。

在坎里南的帮助下,杰克·伦敦利用休息的时间看书、学习。1899年,23岁的杰克·伦敦完成了他的处女作《给猎人》,接着又出版了小说集《狼之子》。这些作品都是以淘金者的辛酸生活为主题的,一经出版就深受广大中下层人士的喜爱。

著作的畅销也给杰克·伦敦带来了巨额的财富,他渐渐走上了成功的道路。刚开始的时候,杰克·伦敦并没有忘记与他同甘苦共患难的淘金者们,正是他们的生活给了他灵感与素材,所以他经常去看望他们,一起聊天,一起喝酒,回忆那段淘金的日子。

然而,随着杰克·伦敦越来越出名,他对金钱也看得越来越重。他甚至公开声明他写作只是为了钱。过起豪华奢侈生活的他,渐渐地忘却了那些穷朋友们。

有一次,坎里南来芝加哥看望杰克·伦敦,可杰克·伦敦只顾着应酬各式各样的聚会、酒宴和修建他的别墅,以至于忽略了坎里南。坎里南没有说什么,只是头也不回地走了。之后,杰克·伦敦的淘金朋友们也永远地从他的身边离开了。杰克·伦敦没有了写作的源泉,思维日渐枯竭,再也写不出一部像样的著作了。1916年的某一天,处于精神和金钱危机中的杰克·伦敦在自己的寓所里自杀了。

功成名就的杰克·伦敦开始忽略那些淘金的朋友们,结果使自己陷入孤立之中,失去了人生中最好的朋友。他的经历告诉我们,永远不要瞧不起那些地位卑微的朋友,多结交一个朋友就多一条路,离开他们,你也许就会一无所有。

地位只是一个人身份、权力的象征,如果你把它看得太高、太重,就注定会被孤立。人生路上,你需要各种各样的朋友帮助,包括那些地位卑微的朋友。

10.关怀别人,收获美好

我们经常会遇到一些需要我们付出爱心的事,向需要帮助的人伸出援助之手,更是我们的责任。只要我们坚持不断地播种爱心,用真心去关怀别人,即使我们失去了一些东西,我们的所作所为也是值得的。

鲁迅曾经说过:"让别人过得舒服些,自己没有幸福不要紧,看见别人得到幸福生活也是舒服的。"而他也正是这样做的。

鲁迅先生非常关心中国的青年一代,这充分体现了他的"孺子牛"精神。鲁迅曾收到很多青年作家寄来的函稿,要求他为他们修文稿、校小样,或是选定作品编集。对此,鲁迅先生没有丝毫马虎,经常戴上老花镜工作到深夜,认认真真看文章,仔仔细细改文章。也有很多素不相识的青年，经常给他写信，向他请教问题，鲁迅每次都详细地一一回复。据他的夫人许广平说："他每星期的光阴，用在写回信大约有两天。"

更难得可贵的是，有一个学生，因为工作关系要与鲁迅一同前往陕西、厦门、广州等地，而在出门之前，鲁迅已经替他整好了行李。多年以后，这个学生在回忆鲁迅时，还深情地说："耶稣常为门徒洗脚，我总要记起这个故事。"

对于少年儿童，鲁迅先生更是非常喜欢。为了让孩子们健康成长，有更好的课外读物，他一面同那些反动腐朽的、粗制滥造的读物进行口诛笔伐，一面介绍和引进外国的优秀作品。他先后翻译出版了《爱罗先珂童话集》、《桃色的云》、《小约翰》、《小彼得》、《表》等书。在《表·译者的话》里，鲁迅谈了进行这一工作的目的："第一，是要将这样的崭新的童话，介绍一点进中国来，以供孩子们的父母、师长，以及教育家、童话作家来参考；第二，想不用什么难字，给10岁上下的孩子们也可以看。"

鲁迅49岁那年，许广平为他诞下一子，他当然很爱自己的孩子。当时有人讥笑他，他便写了一首诗作回答："无情未必真豪杰，怜子如何不丈夫。知否兴风狂啸者，回眸时看小於菟。"孩子是人类的未来，鲁迅把他博大的爱心，给予了所有的幼者。1936年春天，56岁的鲁迅积劳成疾，体重仅37公斤，于当年10月19日病逝于上海的寓所中。鲁迅出殡那天，在送葬的行列中，就有许许多多的孩子，他们悲痛地唱着挽歌，哀悼着这位曾经关爱过他们的老人。

当一个人累了，疲惫地坐在椅子上气喘吁吁时，你递上一杯热茶，就是关心。那时的他喝下去的不仅仅是一杯热茶，还有你对他的关心、照顾和心灵的安慰。关怀别人是一种付出，是一种品质，是一种美德。

若人人都能付出一份爱，那么我们所生活的世界就会变得更加美好。在如今这个功利色彩浓郁的社会，我们更需要关怀他人，无私奉献自己

第四章 跟鲁迅学美德——以德立身,以德修行

的爱心。好人有好报,关怀他人必定能收获美好。

在遥远的波斯尼亚,费希玛和两个儿子生活在一个小村庄里。有一年,波斯尼亚战争爆发,战争夺去了费希玛丈夫的生命,摧毁了她的家园。她带着两个孩子开始逃难。

在离家之前,费希玛看到了一只鱼缸和两条金鱼,那是丈夫从外地回来时,送给孩子们的礼物。现在,它们不仅是两条活生生的生命,更代表着已逝丈夫对孩子的爱。于是,她捧起鱼缸从容地走向湖边,将它们放到了湖水里。

几年之后,战争结束了,费希玛带着孩子们重回故乡,故乡却已是一片废墟,要想重建家园,只能一切从头做起。费希玛来到了曾经放生金鱼的湖边,看到湖面泛起片片金光,那是一群活泼美丽的金鱼。这些金鱼就是当初那两条金鱼繁殖的后代。最值得庆幸的是,她的两个儿子还从那片湖水中寻回了那个鱼缸。费希玛的心里别提有多高兴了。

渐渐地,费希玛和她的金鱼的故事流传开来,人们纷纷前来观看,并顺便买两条送家人。于是费希玛一家通过出售金鱼,走上了致富之路,一家三口终于摆脱战乱和贫穷,过上了安宁殷实的生活。

两条小小的金鱼,居然能够改变一个家庭的命运,听起来有点不可思议。但实际上,真正改变了费希玛一家命运的应该是她当初的爱心吧。

如果我们每一个人都能做到视人如己、爱人如己,尽自己最大的能力去帮助别人,那么就一定会换来别人的友爱和帮助。当然这种"爱人"、"利人"不能只以功利为目的,不能只看到付出之后是否能得到回报。只有无私地善待他人,才是真正的善待自己。

在一场激烈的战斗中,一名上尉忽然发现一架敌机向阵地俯冲而来。

在这危急时刻,他只要毫不犹豫地卧倒就可以化解危机。然而,这个上尉并没有立刻卧倒,因为他发现离他不远处,有一个小战士。

上尉想都没想,飞身将小战士扑在身下。同时一声巨响,飞溅起来的泥土纷纷落在他们的身上。等一切都恢复平静之后,上尉站起身来,将惊魂未定的小战士拉了起来。

看到小战士平安无事,上尉感到很欣慰。他回头看了看,顿时惊呆了,因为刚才自己所处的位置,已经被炸成了一个大坑。如果自己不是为了救小战士而飞身跃过来,恐怕此时的他早已经被炸死了。

小战士是幸运的,因为他的上级是一个会无私关怀他人的人。但更加幸运的是上尉,因为他在帮助别人的同时也帮助了自己,躲开了本应降临到自己身上的厄运。这应该就是他付出之后的意外收获吧。

11.慎言是做人的一种修养

所谓慎言,就是说话要谨慎。古人云:"君子慎言。"真正有智慧的人说话并不是图一时的畅快,而是会考虑到一言既出的后果,怕自己稍有不慎就会步入歧途,这是有责任心的表现。而在现实生活中,有的人有说话的勇气,却没有说话的智慧,结果既伤害了自己,也伤害了他人。

鲁迅曾写有《立论》一文。

我梦见自己正在小学校的讲堂上预备作文,向老师请教立论的方法。"难!"老师从眼镜圈外斜射出眼光来看着我,说,"我告诉你一件

事——一家人家生了一个男孩,合家高兴透顶了。满月的时候,抱出来给客人看,——大概自然是想得一点好兆头。

"一个说:'这孩子将来要发财的。'他于是得到一番感谢。

"一个说:'这孩子将来要做官的。'他于是收回几句恭维。

"一个说:'这孩子将来是要死的。'他于是得到一顿大家合力的痛打。

"说要死的必然,说富贵的许谎。但说谎的得好报,说必然的遭打。你……"

"我愿意既不谎人,也不遭打。那么,老师,我得怎么说呢?"

"那么,你得说:'啊呀!这孩子呵!您瞧!多么……。阿唷!哈哈!Hehe! he,he he he he!'"

一九二五年七月八日。

"这孩子将来是要死的。"是一句非常真实的话,但是由于说得场合不对,所以说这话的人遭到了大家的痛打。说真话的人只有品格和骨气还不够,还需要些艺术。勇气固然重要,但艺术也不应忽视。

有一句话叫"言多必失"。一个人在社会上的成败与否并不在于他说了多少话,而在于他说的话对自己乃至对他人究竟起了什么样的作用。要让自己的话在影响力上起到积极而非消极的作用,慎言才是最重要的。说话也是一种人生艺术,我们每个人都要善于说话,掌握说话的技巧。现实生活中,在与人交往时,会说与不会说,有截然不同的效果。

很早以前,一个地主家里办喜事,邀请了所有的亲戚朋友前去赴酒宴。可是,等了半天,还是有一部分客人没有来,地主心里非常着急。于是无意间说了一句:"怎么该来的客人还都没有来呢?"有些客人听到后心想:该来的没来,那不是说我们都是些不该来的嘛!

于是,几位客人就悄悄地走了。主人一看走掉了好几位客人,心里更

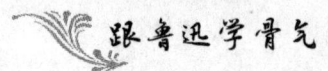

着急了,说:"怎么不该走的客人反倒走了呢?"剩下的客人一听,又想:走掉的是不该走的,我们这些没走掉的,倒是该走的了。于是,他们也都走了。到最后,只剩下一个和地主关系非常不错的朋友,看到地主尴尬的脸色,对他说道:"你说话之前为什么不动动脑筋呢?就因为你一句话没有说好,客人全都走了。"此时,地主急忙解释:"我没有让他们走的意思。"朋友听了,心里非常不爽,说道:"你不是叫他们走,就是叫我走!"说完头也不回地离开了。

最后,客人们全都走完了。

一个人说话之前要"三思",要慎重,只有这样说出来的话才漂亮,才不会对他人造成伤害。1925年3月,许广平给鲁迅写信问路,鲁迅在回信中写道:"假使我真有指导青年的本领——无论指导得错不错——我决不藏匿起来,但可惜我连自己也没有指南针,到现在还是乱闯。倘若闯入深坑,自己有自己负责,领着别人又怎么好呢?我之怕上讲台讲空话者就为此。"由此可见,鲁迅是一个不会乱说话的人。

"修身以清心为要,涉世以慎言为先。"慎言不是胆小怕事,而是一种对别人负责的表现,也是处世中一种不可或缺的修养。对人负责就是对自己负责,只有拥有成熟人格的人才会拥有这种谨慎负责的品质。

有一次,苏格拉底的一位学生急匆匆地找到苏格拉底,边喘气边兴奋地说:"告诉你一件你绝对想象不到的事……"

苏格拉底毫不留情地制止他:"先等一下,你要说的话提前用三个筛子过滤过了吗?"

那个学生没有听明白老师的话,摇了摇头。

苏格拉底对他说:"当你要告诉别人一件事情的时候,应该提前用三个筛子过滤一遍!第一个筛子叫做真实,你要告诉我的事情是真实的

第四章 跟鲁迅学美德——以德立身,以德修行

吗?"

学生说:"我刚刚从大街上听来的,人们都是这么传的,我也不知道事情是不是真的。"

"既然如此,那么你就应该用第二个筛子去检查,如果不是真的,至少也应该是善意的,你要告诉我的事是善意的吗?"

那位学生羞愧地低下头,说道:"不,恰恰相反。"

苏格拉底继续对他说道:"那么我们再用第三个筛子检查看看,你这么急着要告诉我的事,是重要的吗?"

"并不是很重要……"

苏格拉底打断了他的话:"既然这个消息并不重要,又不是出自善意,更不知道它是真是假,你又何必说呢?说了也只会增加我们的困扰罢了。"

苏格拉底最后说道:"不要听信搬弄是非的人或诽谤者的话,因为他不会是出自善意告诉你的,他既然会揭发别人的隐私,当然会同样地对待你。"

说话要用脑子,做事慎言,话多无益。讲话不要只顾一时痛快,信口开河,以为人家给你笑脸就是欣赏,没完没了地将掏心窝子的话都讲出来,结果让人家彻底摸清了家底,还被别人取笑。这其实是一种愚蠢的行为。要知道,说话反应一个人的智能,谨言慎行,言之有物是说话智能的最高准则,会让你一生都受用无穷。

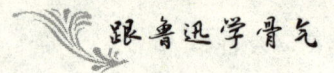

12.糊涂是种高尚品德

人的一生,很多事情需要抱着认认真真的态度去做。然而"水至清则无鱼",有的事情并不能太认真,尤其是个人的名利,该糊涂的时候就糊涂,该聪明的时候就聪明才是明智之举。糊涂不是昏庸,不是愚昧,而是一种气度,一种修养,一种智慧。生活中,唯有懂得糊涂的人才是真正的聪明人,他们遇事不自作聪明,不高谈阔论,不大发议论。相反,他们总会摆出一副什么都不知道、什么都不清楚的样子,躲躲闪闪装糊涂。这样的人心知肚明,但是什么人也不会得罪。因此,无论在什么样的环境中,他们总是活得舒坦,处理事情能够游刃有余。

鲁迅先生曾专门著文批评:因为有人谈起写篆字,我倒记起郑板桥有一块图章,刻着"难得糊涂"。那四个篆字刻得叉手叉脚的,颇能表现一点名士的牢骚气。足见刻图章写篆字也还反映着一定的风格,正像"玩"木刻之类,未必"只是个人的事情":"谬种"和"妖孽"就是写起篆字来,也带着些"妖谬"的。

然而风格和情绪,倾向之类,不但因人而异,而且因事而异,因时而异。郑板桥说"难得糊涂",其实他还是能够糊涂的。现在,到了"求仕不获无足悲,求隐而不得其地以窜者,毋亦天下之至哀欤"的时代,却实在求糊涂而不可得了。

糊涂主义,唯无是非观等等——本来是中国的高尚道德。你说他是解脱、达观罢,也未必。他其实在固执着,坚持着什么……

糊涂不是昏庸,而是为人处世豁达大度,拿得起,放得下。"难得糊涂"的人看得明白、清楚、透彻,顺其自然糊涂点,不丧失原则和人格。苏轼

第四章 跟鲁迅学美德——以德立身,以德修行

《贺欧阳少师致仕启》中有这样一句名言:"大勇若怯,大智若愚"。真正的大智大勇未必要大肆张扬,卖弄聪明,不是徒有其表而要看实力。具有大智慧的人,看起来反倒如同糊涂人,其实不是真糊涂而是假糊涂,这就是"大智若愚"。大智若愚的人给人的印象是:宽厚敦和,平易近人,不露锋芒,甚至有点木讷和傻气。

洪应明曾说:"十语九中未必称奇,一语不中则愆尤骈集;十谋九成未必归功,一谋不成则訾议丛兴。君子所以宁默毋躁、宁拙毋巧。"意思是说,十句话中有九句正确不一定稀奇,因为其中一句话不对就会立刻被指责;十次计谋九次成功不一定有功劳,如果有一次失败许多非议就汹涌而来。所以品德高尚又有见识的人宁可保持沉默、处事不躁,宁可表现得笨拙些,也不自作聪明。

魏晋时期的王湛,是一个很懂得隐藏自己的人。他平时不言不语,从不表现自己,别人有什么对不起他的地方,他也从不去计较,因此很多人都轻视他,认为他是个大傻瓜,连他的侄子王济也瞧不起他。

吃饭的时候,明明桌子上有许多好菜,可王济却不让这位叔叔吃。王湛一点都不生气,只叫王济给他点蔬菜吃,可王济又当着他的面把蔬菜也吃光了,要是平常人早就发怒了,可是王湛还是不言不语,没有一点生气的样子。

有一天,王济偶然到叔叔的房间里,见王湛床头有一本《周易》,这是一本古老又晦涩的书,一般人是很难读懂的。在王济眼里,这位"傻"叔叔怎么可能读得懂这样一部书呢?肯定是放在那里做做样子。于是就问王湛:"叔叔把这本书放在床头干什么呢?"王湛回答:"闲暇无事的时候,坐在床头随便翻翻。"

王济心里非常疑惑,便故意请王湛给他说说书中的一些内容。王湛分析其中深奥的道理,居然深入浅出,非常中肯,讲得精炼而趣味横生,有

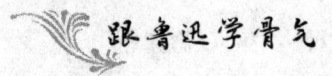

些地方恐怕连当时最有名的学者都比不上。

王济从来没有听到这样精妙的讲解，心中暗暗吃惊，于是留在叔叔的住处向他请教，连着好几天都不愿回去。经过进一步的接触和了解，王济深深地感觉到，自己的知识和学识跟这个"傻"叔叔相比，简直不值一提。他惭愧地叹息道："我们家里有这样一位博学的人，可我这么多年来却一点都不知道，真是一大过错啊。"几天后，他要回家了，王湛又非常客气地送他到大门口。

后来又发生几件事情，让王济对这位叔叔更加刮目相看。王济有一匹性子很烈的马，特别难骑，就问王湛："叔叔爱好骑马吗？"王湛说："还有点爱好。"说完一下子就跨上这匹烈马，姿态悠闲轻巧，速度快慢自如，连最善骑马的人也无法超越他。王济又一次惊呆了。

王济对他平时骑的马特别喜爱，王湛却说："你这匹马虽然跑得快，但受不得累，干不得重活。最近我看到督邮有一匹马，是一匹能吃苦的好马，只是现在还小。"王济就将那匹马买来，精心喂养，想等它长到与自己骑的马一样大了，就进行比试，看叔叔说的是否正确。将要比试的时候，王湛又说："这匹马只有背着重物才能体现出它的能力，而且在平地上走显不出优势来。"王济就让两匹马驮着重物在有土堆的场地上比赛。跑着跑着，王济的马渐渐落后了，没过一会儿居然摔倒了，而督邮的马还像平常一样，走得稳稳当当。

通过这些事情，王济从内心深处佩服叔叔的学识和才能，知道他不仅学识渊博，在骑马、相马各方面都很精通，不知道还有多少知识隐藏起来呢！回到家后，他对父亲说："我有这样一位好叔叔，各方面都比我强多了，可我以前一点也不知道，还经常轻视他，怠慢他，真是太不应该了。"

当时的皇帝武帝也以为王湛是个傻子，有一天，他见到王济，就又像往常一样跟他开玩笑说："你家里的傻叔叔死了没有？"

第四章 跟鲁迅学美德——以德立身,以德修行

要是在过去,王济会无话可答或者配合皇帝的玩笑,可这一次,王济却大声回答说:"我叔叔其实根本就不傻!"接着,他就把王湛的才能学识一五一十讲出来。武帝当时半信半疑,后来经过考察,发现王湛确实是个人才,便封他当了汝南内史。

像王湛这样,平时只管发展和提高自己,而不去追求表现和虚荣的做法,是一种深层次的人生智慧。是金子总会发光的,真有智慧的人也总会受人赏识,王湛正因为善于装糊涂,不追求虚名,才获得他人真正的敬佩。

有些人处处争权夺势,其实常常是在上演一幕幕作茧自缚、引火烧身、自掘坟墓的悲剧。这些人可能会一招得逞,一时得势,但玩的终究是小聪明、小把戏,是大愚若智。

在现实生活中,很多人爱自作聪明,生怕被人当做傻瓜,处处表现自己,并常常为了一点小事而剑拔弩张,不给说法就不善罢甘休。结果是大家都不好收场,彼此成为仇人。人际交往需要在小事情上糊涂一些,不要太在意,不要太计较,这样,就能够彼此信任,互相包含,相互往来。该糊涂的时候,就不要顾忌自己的面子、自己的学识、自己的地位、自己的权势,一定要糊涂;而该聪明、清醒的时候,则一定要聪明。"若愚"只是一种表象,一种策略,而不是真正的愚笨。在"若愚"的背后,隐含的是真正的大智慧、大聪明、大学问。

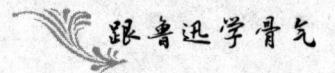

13.珍惜时间,不虚此生

时间总是在悄无声息地流走。朱自清说:"燕子去了,有再来的时候;杨柳枯了,有再青的时候;桃花谢了,有再开的时候。但是,聪明的,你告诉我,我们的日子为什么一去不复返呢?——是有人偷了他们罢:那是谁?又藏在何处呢?是他们自己逃走了罢:现在又到了哪里呢?"时光就是这样匆匆地走过,匆匆地流失,无奈的我们应该做些什么呢?陆机在《短歌行》中说道:"人寿几何?逝如朝霞。时无重至,华不在阳。"人生短短几个秋,就是弹指一挥间的事。无论你干什么事情都要珍惜时间,万不能慨叹人生的苦短,让时间白白从身边流逝。

不善于利用时间的人,总是首先抱怨没有时间。抓紧时间的人生,才是辉煌的人生。"一寸光阴一寸金,寸金难买寸光阴。"我们唯有珍惜时间,珍惜生命,才能不虚此生。

鲁迅是我国伟大的无产阶级文学家、思想家、革命家。

有人说鲁迅是天才,可他自己却说:"哪里有天才?我是把别人喝咖啡的时间都用在工作上的。"鲁迅总想在较少的时间内为革命做更多的事情。他曾经说过:"节约时间,就等于延长一个人的生命。"鲁迅工作起来从不知道疲倦,经常白天工作,晚上写文章,一写就写到天亮。他总是坐在书桌前不停地工作,若累了,就靠在躺椅上看书,他认为这就是休息。

晚年的鲁迅,对时间抓得更紧。不管斗争多么紧张,环境多么恶劣,身体多么不好,他仍旧如饥似渴地学习,夜以继日地忘我工作。有病的时候,他就想着病好了要做什么事;病稍好一些,就动手做起来。鲁迅去世前不久,体温很高,体重不足八十斤,可他仍然不停地用笔作武器,同敌人战斗。他在逝世前三天,还给别人翻译的苏联小说集写了一篇序言;在

第四章 跟鲁迅学美德——以德立身，以德修行

他去世的前一天，还记了日记。鲁迅一直战斗到离开人世的那一天，从没浪费过时间。

鲁迅不仅爱惜自己的时间，也珍惜别人的时间。他参加会议，从来不迟到，绝不叫别人等他。就是下着大雨，他也总是冒雨准时赶到。他曾经说起："时间就是生命，无缘无故消磨别人的时间，和谋财害命没什么区别。"一个人如果能够很好地利用时间，就能获得更多的成功机会。合理安排自己的时间，对人生是一种财富，对事业是一种催化。

"明日复明日，明日何其多；我生待明日，万事成蹉跎"，这短短几句话是古人留给我们的智慧。古人懂得珍惜时间，有"悬梁刺股"、"囊萤映雪"、"凿壁偷光"的勤学佳话。现在的我们是不是更加应该珍惜时间，抓紧每一分每一秒呢？

在富兰克林报社前面的商店里，一位犹豫了将近一个小时的男子终于向店员开口问道："这本书多少钱？"

"1美元。"店员回答。

"1美元！"这人又问，"能不能少要点？"

"它的价格就是1美元。"

这位男子又看了一会儿，然后问："富兰克林先生在吗？"

"在。"店员回答，"他在印刷室忙着呢！"

"那好，我要见见他。"这个人坚持一定要见富兰克林。

于是店员将富兰克林请了出来。

这个人问道："富兰克林先生，这本书你能出的最低价格是多少？"

"1美元25分。"富兰克林不假思索地回答。

"1美元25分？你的店员刚才还说1美元呢！"

"没错。"富兰克林说，"但我情愿倒给你1美元，也不愿意离开我的工

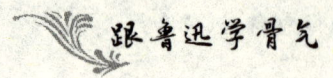

作。"

这位男子惊异了。他心想,算了,结束这场由自己引起的争论吧。他说:"好吧,你说这本书最少要多少钱吧?"

"1美元50分。"

"怎么又变成1美元50分?你刚才不是还说1美元25分的吗?"

"对。"富兰克林平静地说,"我现在能出的最低价钱就是1美元50分。"

这位男子默默地把钱放到柜台上,拿起书出去了。要知道,这位著名的发明家和外交家给他上了终生难忘的一课:时间就是金钱。

时间是一切的保障。没有时间,一切都不可能成功。没有时间,人就不可能学习,不可能生活,更不用说去追求财富以及美好的未来了。浪费时间就是浪费生命,浪费人生,难道你忍心让你的人生就这样悄悄地逝去吗?

时间是最公正的裁判,无论你是贫穷还是富有,每个人一年365天,一天24小时,86400秒,不多不少。关键就看你如何合理地安排时间了。有的人会在一天中取得成绩,有的人却会在一天里碌碌无为,虚度光阴。那么怎样才能做到珍惜时间呢?学会勤勉,不让每一天都闲置,每时每刻都要做有用的事情,只有这样你才能成为时间的主人,成为一个不虚度光阴的人。

第五章

跟鲁迅学抗争

——永不服输,才是骨气

人生,有时候需要的就是那么一点抗争的勇气,有了勇气做底,便什么都不再怕了,人生的路也变得越来越宽。正像洛克说的:"人生的磨难是很多的,所以我们不可对每一件轻微的伤害都过于敏感。在生活磨难面前,精神上的坚强和无动于衷是我们抵抗罪恶和人生意外的最好武器。"

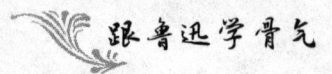

1. 在拒绝中彰显骨气

孟子说:"富贵不能淫,贫贱不能移,威武不能屈,此之谓大丈夫。"意思是说,金钱地位不能使自己腐化,贫苦穷困不能改变自己的志向,权势武力不能让自己屈服变节,这就是大丈夫。大丈夫的这种种行为,若只用一个词来概括,那就是骨气。有骨气的人会受到他人敬重,无骨气的人则被他人鄙弃。无论在何时,也无论在何种环境中,人都应该努力培养自己的骨气。

有一年,日本方面请鲁迅主持中日通航典礼,却被鲁迅严肃拒绝了。他说:"不能把太太小姐敲碎一个啤酒瓶子的事要我做。"邀请人纠缠说:"如果您不答应,我就非常为难了。"鲁迅答道:"如果我答应您,我就非常为难了。"就这样,鲁迅用幽默的方式,拒绝了邀请,同时也表明了自己的立场。

鲁迅对日本的态度还是比较客观的,既不是完全崇拜,也不是完全憎恨,而是有一个清楚地认识。他在日本学习期间,接受了系统的科学训练,也结实了不少日本人,彼此关系都还不错。但同时鲁迅也注意到了一个问题,那就是日本人具有侵华的野心,因此,即便在留学期间,他还一直在做抗争。

鲁迅的弟弟周作人也在日本留学,在周作人留学回国的前夕,鲁迅在日本的大街上走过。经常会有日本人走近鲁迅,并用中国话跟他搭讪。如果是在现在,这也许是一件很平常的事情,但在当时却并非如此。鲁迅意识到这是日本人的一个阴谋,是日本人对华特工培训的一部分。这么做的目的是为将来占领中国做准备。

鲁迅当时29岁,自然没有答应这些热情的日本特工,他假装听不懂对

第五章 跟鲁迅学抗争——永不服输，才是骨气

方的话,让对方无法继续纠缠。

在那样的环境下,鲁迅拒绝了日本人,这无疑显示出了一个中国人应该有的骨气。

鲁迅的这种面对权势的威逼,毫不妥协的精神,体现了一位思想家的崇高气节,我们其实也理应如此。但现实却是,我们有的人面对高官厚禄,没有拒绝;面对强权,没有拒绝;面对权威,没有拒绝。如此没有原则的应付一切,到头来失去的是身上最为珍贵的东西——骨气。因此,要想成为一个受人尊重的人,就要学会在拒绝中彰显自己的骨气。

伟大的作家朱自清是一位非常有骨气的人。1948年初,人民解放战争进入了最后阶段。当时物价飞涨,朱自清的薪水仅够买三袋面粉,而他家有12口人,全家想要勉强吃饱都很困难。有人劝他说:"你的日子不好过,为什么还要这么固执?"他回答道:"我宁可贫病而死,也不领取这种侮辱性的施舍。"朱自清当时的日记中,就有这样的一段话:"此事每月须损失六百万法币,影响家中甚大。"

6月初,北平的学生掀起了反对美国扶植日本军国主义的运动。而此时的朱自清身患重病,无钱医治,但他还是毫不犹豫地在写着"为表示中国人民的尊严和气节,我们断然拒绝美国具有收买灵魂性质的一切施舍物资,无论是购买或是给予"的宣言上,签上了自己的名字。8月初,朱自清病情加重,入院治疗无效,于6月12日逝世,那时的他年仅50岁。

临终前,朱自清以微弱的声音叮嘱家人:"有件事要记住,我是在拒绝美国面粉的文件上签过名的,我们家以后不买国民党配合买卖的美国面粉!"一身重病的朱自清,宁可饿死,也不领美国的"救济粮",将一个爱国文人的骨气,体现得淋漓尽致。

跟鲁迅学骨气

做人就要把"不"字理直气壮地说出口。明人吕坤说:"你说得是,我便听从;我不是听从你这个人,而是听从'是',哪有什么私心?同样,你说得不是,我便不听从;我不是针对你这个人而不听从,我是不听从'不是',哪里是有什么不满意?"所以,别忘了说"不"是我们的权利。

1929年12月24日,曾任众议院秘书长、非常国会秘书长以及孙中山大元帅府秘书的"一代名士"林庚白来到位于上海四川路景云里的鲁迅寓所求见鲁迅。鲁迅不愿意见他,于是让佣人出去告诉他自己不在。不料林庚白却胸有成竹地说自己亲眼见着鲁迅回家后才来敲门的。佣人大窘,回复鲁迅,鲁迅大怒,对佣人说:"你去告诉他,说我不在那是对他客气!"林庚白无奈之下只好怏怏离去,却由此对鲁迅怀恨在心。

上海商务印书馆董事长看到鲁迅在国内外很有影响,就想利用他的名声来为商务招揽生意。于是他派人对鲁迅说:"你研究学问要看很多图书资料,我们商务有很多外面看不到的海内珍本。董事长愿意把藏书室的钥匙交给你,由你任意选阅。只希望一条,你写的书,要交给我们印行。"鲁迅听后很生气,当场拒绝了这把钥匙,还对友人说:"我为工作,固然需要看书,但我看书,并不是为了饭碗。要是我写的东西由他们印行,稿酬可能是很优厚的,但这样一来,我就受到束缚,不能很好地为大众说话了。"

拒绝不是无情无义,也不是一意孤行,而是一种人格与个性的完美结合。学会拒绝,是一种自卫、自尊与沉稳,是一种意志和信心的体现,也是一种豁达与明智。学会拒绝,才活得真实明白。一个有骨气的人,即使一无所有,其一身傲骨也会被人赞赏。人活一口气,为了这一口气,我们就要像鲁迅那样学会拒绝,活得有模有样,活出自己的骨气。

第五章　跟鲁迅学抗争——永不服输，才是骨气

2.据理力争，顽强不屈

做人要有勇气。一个人如果没有了勇气，就相当于没有了精神支柱，没有了战胜困难的自信，没有了战斗力。勇气虽是一种看不见、摸不着的东西，却能在无形中推动人们前进。勇气是一种大无畏的精神，是一个人有骨气的重要体现。无论是在黑白面前，还是在是非面前，人应该都需要用勇气来面对。

"四一二"反革命政变之后，蒋介石给广州军事当局下令，要在14日午夜密谋策划一场惨绝人寰的大屠杀。第二天凌晨，军警向我党领导的工人纠察队和农军发动突然袭击，很多共产党人和革命群众，不是被通缉，就是被杀害了。军警还到中山大学进行大搜捕，逮捕了四十多人。一天下来，被捕的人有两千多名，全市很多公共娱乐场所成了临时关押所。广州城一时间腥风血雨。

反革命的浪潮还波及到了鲁迅。当时，白云楼前面的电线杆子上张贴的"联俄容共是总理之遗嘱"一类标语还没有剥落，上面就被"打倒武汉政府"、"拥护南京政府"一类标语覆盖了。15日凌晨，一位老工友气喘吁吁地跑到鲁迅家，告诉鲁迅中山大学贴满了标语，其中有些标语牵涉到了鲁迅，建议他赶紧找一个安全的地方避一避。然而，鲁迅并没有选择离开，而是不顾个人安危，赶赴中山大学亲自召集并主持主任紧急会议，呼吁学校不遗余力地营救被捕的学生。

会议由教务主任鲁迅主持，只见他端坐主席位上，中大委员会委员朱家骅则和他面对面坐着。鲁迅首先发言："学生们被抓走了，我们学校有责任出面担保他们，教职员也应该主持正义，联名具保。我们还要知道逮捕学生的原因是什么，他们究竟有什么罪。要知道被抓的学生不是一两

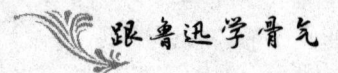

个,而是一大群!"

朱家骅闪着阴冷的目光,用威胁的口吻说:"学生被捕了,这是政府的事。我们学校还是不要跟政府对立为好。"

鲁迅反驳说:"学生被抓走了,是公开的一个事实。他们究竟违背了孙中山总理的三大政策的哪一条?"

朱家骅仗势说道:"中大是'党校',党有党纪,在'党校'的教职员应当服从'党',不能有二志。"

鲁迅继续据理反驳:"五四运动时,学生被抓走,全国各界不惜罢工罢市,就是为了营救他们。如今,我们学校的学生被捕,我们怎么能够袖手旁观呢?"

朱家骅自以为有理地说:"那时反对的是北洋军阀。"

鲁迅以更加凌厉的气势驳斥他说:"现在三大政策的精神就是要防止新的军阀统治。"

会场气氛一时间紧张到了无法缓解的地步,参加大会的大多数人都保持了沉默,这次会议没有达到预期的效果。

散会后,鲁迅不言不语,也不思饮食。第二天,他依旧捐款慰问被捕学生。没过多久,他就毅然地辞掉了在中山大学的所有职务,三次退回了中大的聘书,表明了自己的决心。

鲁迅的据理力争,不仅体现出了他大无畏的勇气,也凸显了他高尚的人格,这值得我们每一个人学习。据理力争是一个人应有的态度和勇气。当我们的自身利益与尊严受到损伤的时候,更需要勇气来维护。

1946年,我国法学界权威梅汝璈被派往东京,担任"远东国际军事法庭"法官,审判日本战犯。当时还有来自美国、英国、苏联、加拿大、法国、新西兰、荷兰、印度、菲律宾的9国法官。其中,来自澳大利亚的法官韦伯

第五章 跟鲁迅学抗争——永不服输,才是骨气

担任法庭庭长。

开庭前,各国的法官对法庭上座位的排列顺序非常关注,因为这不仅体现了法官个人的尊卑,还体现了该法官所在国在审判中的地位。中间的座位自然是庭长———澳大利亚法官韦伯的,庭长右边的第一个座位是美国法官的,这似乎都没有非议。但接下来的座位排序,却引发了一场激烈的争论。梅汝璈深知,此时的中国国力不强,很难获得应有的位置,他在经过缜密地考虑后,说道:"若论个人之座位,我本不在意。但既然我们代表各自的国家,我还需请示本国政府。"接着又说:"我认为,法庭座次应按日本投降时各受降国的签字顺序排列才最合理。首先,今日系审判日本战犯,中国受日本侵略最烈,而抗战时间最久、付出牺牲最大,因此,有八年浴血抗战历史的中国理应排在第二。再者,没有日本的无条件投降,便没有今日的审判,按各受降国的签字顺序排座,实属顺理成章。"可一听完梅汝璈的提议,几个西方国家代表心里不乐意了,于是,会场气氛变得紧张起来。

梅汝璈幽默地说道:"如果庭长和大家不赞成这个办法,那我们就以体重为标准吧,各自过磅,看看各人的体重是多少,重者在前,轻者居后。这样,我们便可以有一个最公平、最客观的标准。"他的话使得法官们哄堂大笑。韦伯庭长对他说:"梅先生真会讲话,不仅是名法官,更是个幽默大师。你的办法很好,但是它只适用于拳击比赛,但我们这是国际法庭,不是拳击赛场。"

梅汝璈继续说道:"若不以受降国签字顺序排列,还是按体重排列为好,我即使被排在最末一位,也毫无怨言,对本国政府也算有了交代。政府如果认为我坐在后边有辱使命,可另派体重者取而代之,再来较量。"显然,梅汝璈为了国家的尊严,据理以争,当仁不让。

让他没有想到的是,开庭前一天预演时,庭长韦伯突然宣布座位顺序为美、英、中、苏……梅汝璈立即强烈抗议这一不合理的安排。他愤然脱下

象征着权力的黑色丝质法袍,拒绝入座。他说:"今日预演已有许多记者和电影摄影师在场,一旦明日见报便是既成事实,既然我的建议在同仁中并无很多异议,我请求立即对我的建议进行表决。否则,我只有不参加预演,回国向政府辞职。"由于梅汝璈誓不妥协,庭长当即召集法官们表决。

这次预演推迟了半个多小时。最后决定,法官座位按照日本投降时各受降国签字顺序安排。梅汝璈为祖国争得了应有的位置,为中华民族争了一口气,赢得了尊严。

生活中,有些事情,我们可以选择忍让,但若涉及到尊严,我们就坚决不能妥协,要鼓足勇气,维护自己的尊严。为什么有的人能受到他人的敬重?智慧?也许。才华?大概。但最重要的应该还是他们遇事据理以争的勇气吧!

3.沉默是抗争的力量

古希腊哲学家泰勒斯说:"多说话并不表明有才智。"朱自清说:"沉默是一种出世哲学,用得好,又是一种艺术。"生活中有无数的事实告诉我们,必要的沉默不是冷漠,而是内心深处的安宁和淡泊;必要的沉默不是消沉和放弃,而是奋进的前奏;必要的沉默不是软弱,而是理智和大度。

鲁迅是生活中的智者,懂得用沉默的智慧反击那些冷遇他的人。鲁迅说:"明言着轻蔑什么人,并不是十足的轻蔑,惟沉默是最高的轻蔑。最高的轻蔑是无言,而且连眼珠也不转过去。"

第五章 跟鲁迅学抗争——永不服输,才是骨气

有一次,鲁迅穿着平时那套普通的衣服到华懋饭店与美国女作家史沫特莱见面,这是一所十分高档的饭店。鲁迅来到饭店门口,门卫上下打量了他一番,毫不客气地说:"走后门去!"在这样高档的饭店里,"后门"是用来运送东西或是给"下等人"走的。

鲁迅没有说话,绕了一圈来到了饭店后门的电梯。开电梯的人员看了看鲁迅的穿着,连手都没有抬,脑袋朝着楼梯的方向摆了一下,冷冷地说道:"走楼梯上去。"鲁迅继续保持沉默,迈着步子,一层一层地走上去。

跟史沫特莱谈完话之后,鲁迅就要告辞离开,史沫特莱亲自送他下楼。饭店的门卫、开电梯的员工以及勤杂人员都知道史沫特莱有一个习惯:送客只送到自己房门为止,绝不越大门一步。让他们没有想到的是,这一次史沫特莱不仅十分恭敬地把鲁迅送到正门口,还亲切地与他握手言别,最后甚至望着鲁迅的背影,目送他远去。而刚才那个不让鲁迅走正门的门卫,以及不给他开电梯的人,都是一脸的疑惑。

沉默,不是愚钝无知的哑口失言,不是逆来顺受的麻木不仁,而是一种"无言之美"的至高境界,是一种涵养、一种风度、一种自信、一种力量、一种艺术,更是一种智慧。要知道,任何语言在时间面前都是苍白的,而沉默的力量却能一直贯穿于时间长河的始终。嘈杂声是窗外的浮云,只有忍得住寂寞的人,只有懂得沉默的人,才能感受到生命的宁静。在时间的长河中,沉默注定会让你在一瞬间成为永恒。

法国著名的有机化学家维克多·格林尼亚,出生于法国瑟堡一个造船厂业主的家庭。格林尼亚从小因娇生惯养,长大后又游手好闲,成了当地"恶名"远播的纨绔子弟。

1892年秋,21岁的格林尼亚仍然无所事事,整日寻欢作乐。一天,瑟堡市的上流社会举行舞会,格林尼亚在舞场上,发现了一位美丽而端

庄,气质非凡的姑娘,并对她一见倾心。他走到这位姑娘面前,邀请她共舞,姑娘对于这位不学无术的纨绔子弟早有耳闻,便没有答应他的邀请。格林尼亚长这么大,第一次碰到这样的事情,顿时觉得颜面尽失。朋友告诉他,这位姑娘是巴黎著名的波多丽女伯爵。格林尼亚闻言不禁倒吸一口凉气,他又走到波多丽伯爵面前,向她表示歉意。但是女伯爵却说自己讨厌像他这样不学无术的花花公子。格林尼亚此时已无地自容了,他的威风、傲气也一扫而空。于是他决定闭门不出,检讨自己的行为,重新做人。

格林尼亚想入读里昂大学,但因为他从来没有认真读过书,中、小学的学业荒废得太多了,要想读大学,只能一切从头开始。在一个叫路易·波尔韦的老教授的帮助下,他花了两年的时间,把耽误的功课补习完了,成为里昂大学插班生。他深知这次的读书机会来之不易,因此格外珍惜。

就这样,格林尼亚在沉默中积蓄了大量的能量,最终成了一名化学家。1912年,瑞典皇家科学院鉴于格林尼亚发明的格氏试剂,对当时有机化学发展产生的重要影响,决定授予他诺贝尔化学奖。此时的格林尼亚不仅是一位勤奋好学、成果累累的学者,也是一位道德高尚的人。

现实生活中,每个人都难免会被别人指指点点,各种评议。有的人喜欢你,对你说溢美之词;也有的人会因为嫉妒你的能力,而对你妄加评论。面对这些是是非非的议论,你纵有千口万舌也抵不过。此时,你唯一能做的就是保持沉默,因为沉默胜过口若悬河的辩解。然后在沉默中有所准备,抓住有利时机,依靠自己的勤奋实干,不断磨砺自我,始终保持清醒意识,最终使自己散发光彩,拥有一个美丽的人生。

1909年,因为家庭需要,鲁迅放弃了去德国留学的机会,决定从日本直接返回中国。可是回国后又能做些什么呢?鲁迅一度感到前途迷茫。他

第五章　跟鲁迅学抗争——永不服输，才是骨气

找到了自己的好朋友许寿裳。此时，许寿裳担任浙江两级师范学堂教务长一职，鲁迅托他为自己找一份教员的工作，许寿裳立刻答应了，随后，他就向校长沈钧儒推荐了鲁迅。沈钧儒在了解到鲁迅的才华之后，欣然同意鲁迅到学校来当教员。

阔别祖国多年，在回家的路上，鲁迅思绪万千。故乡还是故乡，祖国还是祖国，但却多了一分凋零，一分颓败。他想起了许多事情，也想到了许多童年时代的朋友。鲁迅想：虽然我不能向所有的中国人宣传科学、民主、自强的知识，但我却可以让我的学生们学到更好更新的知识，提高他们的思想意识。

鲁迅边想边和船夫说着话。说着说着，船夫随口说了一句："先生，你的中国话说得真好。"鲁迅大吃一惊，然后慌忙解释说："我是中国人，而且和你是同乡，怎么会……"

船夫看着鲁迅的样子，大笑了起来，说道："哈哈哈，你这位先生还会说笑话。"

鲁迅立即明白了，原来自己没有了辫子，又穿着西装，上唇上还留了两撇有点翘的小胡子，加上本身长得就和日本人一样瘦小，所以船夫才将他当成了日本人。在船夫看来，鲁迅这样的衣着打扮以及瘦小的身材，就是一个不折不扣的日本人。鲁迅无论怎么解释都没有用，最后索性就保持了沉默。通过跟船夫的一番交流，鲁迅深深地感到了国民的愚昧。他心想，自己一定要努力做一个好教师，让祖国的人民不再那么愚昧。

鲁迅说："不在沉默中爆发，就在沉默中灭亡。"有的时候，我们往往太过于在乎自己听到的东西，太在意别人的看法。于是我们整日患得患失，恐遭人褒贬，因此步入别人设置的轨道，远离了自己的目标。我们为什么不选择沉默呢？为什么不选择一条自己认为正确的路，坚定不移地走下

去呢？天空无言,自有高远;大海无言,自有深邃;大地无言,自有广博。人要学会沉默,就要有比天空更高远的志向,比大海更深沉的思想,比大地更宽广的胸怀……然后在人生的历程中,爆发自己积蓄已久的力量,攀登人生的另外一个高峰。

4.跟胆怯说再见

不知生活中的你,是否遇到过这样的情况,当自己来到一个陌生的圈子后,往往会感到局促不安,不能与他人自然地交往,同时也让周围的人感到不舒服;当有一项新的任务摆在自己面前的时候,总是缺乏信心,认为自己胜任不了这项任务,于是选择放弃,让自己少了更多的发展机会……

无论是在生活中,还是在工作上,你在追求目标时,总是缺乏主动性、勇气和信心,以至于错失了很多很多机会。究竟是什么在作怪呢？是胆怯。这是人们生活中的一大障碍,那么我们该如何扫除障碍,才能更好地前进呢？最好的做法就是跟胆怯说再见。正如鲁迅所说的:"走上人生的旅途吧。前途很远,也很暗。然而不要怕,不怕的人面前才有路。"

1911年10月10日,湖北新军起义,武昌起义爆发,一下子点燃了全国的革命热火,其势头在全国范围内迅猛发展。11月4日,革命军攻克杭州;5日,浙江省军政府宣告成立。为了庆祝杭州光复,越社在绍兴开元寺召开群众大会,鲁迅被推举为大会主席。大会上,鲁迅做了振奋人心的演讲,阐明了革命的意义及武装人民的重要性,并提出了组织武装讲演团,分赴各地演说的建议。然而没多久,一个谣言让市民人心浮动,纷纷仓皇出

第五章 跟鲁迅学抗争——永不服输,才是骨气

逃,那就是清兵残余势力要骚扰绍兴。

对此,鲁迅对那些胆怯的人说:"你看,逃掉的都是清朝官吏。我们为什么要逃呢?要设法消除慌张,不要自相惊扰。"为了稳定民心,鲁迅亲自拿着长刀,带领着绍兴府中学堂的学生上街进行武装宣传。在路上,有的学生问鲁迅:"万一有人阻拦怎么办?"鲁迅正言厉色地反问道:"你手上的指挥刀是做什么用的?"在鲁迅的鼓励下,这支由学生组成的队伍雄赳赳气昂昂地走过了水澄桥、大善寺等绍兴主要街道。学生们高呼"革命胜利万岁!""中国万岁!"的口号,张贴"溥仪逃,奕劻被逮"的传单,宣传革命的舆论。最终,市民的心才重新安定下来,那些关闭的店铺也都重新开张了。

胆怯的人往往是缺乏自信的人,他们总是对自己是否有能力完成某些事情表示怀疑,结果因为过于紧张、拘谨把原本可以做好的事情弄糟了。因此,胆怯的人在做事情前应该为自己打气,先相信自己有能力做好,然后再去付诸努力就可以了,正所谓:"谋事在人,成事在天。"多抱着一颗平常心去面对挑战,结果如何已经不那么重要了。

鸵鸟看到狮子时,认为自己跑不过狮子,于是自欺欺人地把头埋在沙堆里,而把生命交给了凶猛的狮子。然而鸵鸟真的跑不过狮子吗?当然不是。科学家研究发现,鸵鸟的奔跑时速是70-80千米/时,几乎和狮子同速。但鸵鸟可以以这样的速度奔跑半个小时,而狮子只能维持几分钟,如果鸵鸟能坚持不停地奔跑,那么它生还的希望是非常大的。鸵鸟的悲剧就在于它选择了胆怯的逃避。鸵鸟因为害怕失败,向困难妥协,但妥协的代价是彻底失去逆转的机会。

心理学家把这种消极放弃的心态称为"鸵鸟心态"。鸵鸟认为自己看不到敌人,敌人就不存在了,恰恰是这样的做法,让它断送了性命。

如果我们学习鸵鸟,怯于做任何事情,那么我们永远不会成功。要想成功,就必须学会增加自信心,跟胆怯说再见。

有一个年轻人，生性怯懦。虽然他有很好的音乐天赋，但每当站上舞台时，他就会控制不住地怯场。因此，他错过了许多可以发展的机会。而他也为此感到非常痛苦。

后来，在一位朋友的引荐下，他去拜访一位成功的长者。他把内心的苦恼说给了长者听，然后恳求道："在我认识的人中，您是最有才智的一位，您可以给我指明一条成功的路子吗？"

长者并没有立即给他答复。只是起身，让年轻人陪他到外面去散步。当他们走到一个建筑工地时，长者指着那些高空作业的建筑工人问年轻人："现在让你去做他们的工作，行吗？"

年轻人摇了摇头。

长者说："那他们也是有才智的人呀。"

之后，他们又走到一个汽车大修厂前，长者指着正在忙碌的维修工人，问那个年轻人："现在，让你去做他们的工作行吗？"

年轻人又摇了摇头。

长者说："那他们也是非常有才智的人。"

就这样，他们一路走，长者一路问年轻人相同的问题。年轻人感到很奇怪，便不解地问："您为什么要带我看这些呢？"

长者意味深长地解释道："其实，生活中的每一个人都是智者。只要你相信自己，努力去做一件自己想做的事情，那么你在别人眼里就是一个充满才智的人。"

生活中会发生很多事情，有顺心的，也有不顺心的，这些事情都是不以人的意志为转移的。当你遇到不顺心的事情时，问问自己，胆怯能解决问题吗？既然胆怯解决不了问题，还不如将自己放开，让自己在犯错中成长。

5.知难而进,勇往直前

人生的道路并非一帆风顺的,未来可能充满了坎坷、布满了荆棘。只有知难而进,勇往直前的人,才能攀登上顶峰,领略成功的美好风光。只有不畏缩,不后退的人生,才是真正有意义的人生。

有一天,一个年轻人向两位著名人士请教问题,他们一个是登山专家,一个是阅历丰富的船长。年轻人首先问登山专家:"在爬山时,如果遇上暴雨,该怎么办?"登山专家回答道:"应该往山顶走。"年轻人听了不解,继续问道:"山顶上的风雨不是更大吗?"登山专家回答说:"山上的风雨虽然大,但是不会危及到人身安全,而山下则极有可能发生泥石流,会危及到生命。因此,爬山时一旦遇上暴雨,必须迎着风雨向上攀登,才能保证你的生命安全。"年轻人若有所思地点了点头。

年轻人又向船长请教,他问道:"船长先生,如果你遇上一场大风暴,您会怎么做?"船长回答说:"我会以最快的速度向风暴驶去。"年轻人听了不解,船长反问他:"如果是你,你会怎么做?"年轻人不假思索地说:"当然是掉头返航!"船长摇摇头,说:"不行,风暴迟早会迎上来。"年轻人猜测道:"不然调转船头九十度避开风暴,怎么样?"船长微笑着说:"如果这样的话,非但避不开风暴,还会使船受损面积增大,是相当危险的!"船长的一番话,使得年轻人陷入沉思……

突然,年轻人开心地大叫起来:"我终于明白了!面对困难,跑也没用,躲也没用,因为它迟早会来到你身边。唯一的方法就是——勇往直前!"船长见这年轻人有所领悟,由衷地为他感到高兴。

每个人都想做一只搏击长空的雄鹰,但并不是每个愿望都能实现,只有勇者才能真正成为翱翔的雄鹰。生活中的我们会不断地遇到挫折与磨难，有些挫折和磨难是极难克服的，但就算这样，我们也不能低头，而是要用头脑去分析，用自己的勇气逐一将其击败。只有知难而进，勇往直前，才有征服挫折与磨难的希望，才有可能获取最后的成功。

林肯在进入美国政坛之前，不过是小镇上一个微不足道的律师。林肯最初在争取自由党的国会议员候选人提名时，他的政敌以他不属于任何教会为由指责他为异教徒，还因为他跟高傲的托德和爱德华家庭联姻，骂他是财阀和贵族的工具。尽管这些罪名荒唐可笑，却足以给林肯的前途带来影响。结果不出所料，那次选举，林肯落选了。这是他政治生涯中所遭遇的第一次失败。

两年后，林肯和许多自由党人一起，在国会中大胆发言，他谴责总统发动了一起"掠夺和谋杀的战争，抢劫和不光荣的战争"，宣布"上帝已忘了照顾无辜的弱者，容许凶手、强盗和来自地狱的恶魔肆意屠杀男人、女人和小孩，使这块正义之土饱受摧残"。

当时的林肯只是个默默无闻的小议员，政府对这篇演说置之不理，可是它在伊利诺伊州的春田镇却引起了不小的轰动。伊利诺伊州有6000人从军，他们相信自己是为神圣的自由而战。如今，他们选出的代表竟在国会中说这些军人是地狱来的恶魔，是凶手，激愤的军人公开集会，指责林肯"卑贱"、"怯懦"、"不顾廉耻"。

聚会时，大家一致决议，宣称他们从未见过"林肯所做的这些丢脸的事"、"对勇敢的生还者和光荣的殉国者滥施恶名，只会激起每一位正直的伊利诺伊人心中的愤慨"。这股恨意郁积了十几年，直到13年后，林肯当选总统时，还有人用这些话来攻击他。

林肯对合伙的律师说："我这样做等于是政治自杀。"此刻，他怕返乡面对选民。他想谋求"土地局委员"之职，以便留在华盛顿，却未能成功；

他想让人提名他为"俄勒冈州长",指望在该州加入联邦时可以成为首任参议员,不过这件事也失败了。

面对一次次的失败,林肯并没有丧失信心,而是继续迎难而上,勇往直前,终于当上了美国总统。正如《伊利诺伊报》的一篇社论中提到的一样:"可敬的亚伯拉罕·林肯真是伊利诺伊州从政者中最不幸的一位。他在政治上的每次举动都不顺利,计划经常失败,换了任何人都无法再坚持下去。"

古人说得好:"有志事易,无志事难。知难不畏,绝壁可攀"。鲁迅说得也好:"愈艰难,就愈要做。改革,是向来没有一帆风顺的。"人生无坦途,要想取得成功,就必须要有知难而进的钢铁意志,要有勇往直前、敢于胜利的英雄气概。

6.坚持真理,永不动摇

真理是人们对于客观事物及其规律的正确反映。坚持真理,就是不断地同自身和外界的错误作斗争的过程。一个人,能以真理不断战胜错误,就会一身浩然正气,无往而不胜。

1934年5月20日,鲁迅写了杂文《偶感》,全文如下。

还记得东三省沦亡,上海打仗的时候,在只闻炮声,不愁炮弹的马路上,处处卖着《推背图》,这可见人们早想归失败之故于前定了。三年以后,华北华南,同濒危急,而上海却出现了"碟仙"。前者所关心的还是国运,后者却只在问试题,奖卷,亡魂。着眼的大小,固已迥不相同,而名目则更加冠冕,因为这"灵乩"是中国的"留德学生白同君所发明",合于"科学"的。

"科学救国"已经叫了近十年,谁都知道这是很对的,并非"跳舞救国"、"拜佛救国"之比。青年出国去学科学者有之,博士学了科学回国者有之。不料中国究竟自有其文明,与日本是两样的,科学不但并不足以补中国文化之不足,却更加证明了中国文化之高深。风水,是合于地理学的,门阀,是合于优生学的,练丹,是合于化学的……"灵乩"是合于"科学"的,亦不过其一而已。

"五四"时代,陈大齐先生曾作论揭发过扶乩的骗人,隔了十六年,白同先生却用碟子证明了扶乩的合理,这真叫人从那里说起。而且科学不但更加证明了中国文化的高深,还帮助了中国文化的光大。麻将桌边,电灯替了蜡烛,法会坛上,镁光照出了喇嘛,无线电播音所日日传播的,不往往是《狸猫换太子》,《玉堂春》,《谢谢毛毛雨》吗?

老子曰:"为之斗斛以量之,则并与斗斛而窃之。"罗兰夫人曰:"自由自由,多少罪恶,假汝之名以行!"每一新制度,新学术,新名词,传入中国,便如落在黑色染缸,立刻乌黑一团,化为济私助焰之具,科学,亦不过其一而已。

此弊不去,中国是无药可救的。

"五四"运动时期,陈大齐先生对"扶乩"的骗术进行了揭发和批判,但16年后,白同先生却证明"扶乩"是符合科学道理的。鲁迅对这种假借科学的名义,大搞新的骗人的行为进行了深刻批判。鲁迅对历史的迷信的批判,启迪我们要坚持科学真理,对于当今的人们仍然具有重要的意义。

不坚持真理,就会让迷信继续横行;不坚持真理,就会让错误有机可乘;不坚持真理,就会让人变得懦弱;不坚持真理,就会让人丧失气节。如

第五章 跟鲁迅学抗争——永不服输,才是骨气

此一来,这样的人生还有什么意义与价值呢?这不得不令人深思。

鲁迅从日本留学回来后,在故乡绍兴教过一段时间的书。平时住在学校,只有星期六晚上才回家。

有一天下午,因为学校一些事情要处理,鲁迅回家时天已经黑了。为了赶时间,他就抄小路走。小路确实比大路近得多。但要经过一片坟地,那里灌木、杂草丛生,还有稀稀落落的几棵大树,树上栖息着几窝乌鸦,显得阴森森的。白天都很少有人走,晚上就更没有人了。

天不算太黑,月光透过云层照着远近的荒草乱石。地上的野猫和树上的乌鸦不时地发出一两声难听的叫声。鲁迅急急地走着,快走到那片坟地时,他发现不远处的一座坟前立着一个白影,而且正慢慢地高起来。鲁迅以为自己眼睛花了,又仔细地朝那里看去,只见白影忽然又缩下去了,而且时而大,时而小。鲁迅是学医的,他不相信世上有什么鬼魂,但眼前的怪影还是不免让他有些紧张,心里"扑扑"地跳。他壮大胆子,继续朝前走。

鲁迅离那个影子越来越近,再走几步就可以从它旁边过去了。忽然白影移动起来,转到一座坟后缩了下去。鲁迅越发生疑了:看来这个"鬼"怕我,躲起来了。你越躲,我偏要看看。于是他大步走过去。

"什么人!你在干什么!"说着,鲁迅飞起一脚,朝那个缩作一团的东西踢了去,只听"哎哟"一声,白影叫了起来,站起来逃走了,身上掉下来一块白布。原来这是个盗墓的。

鲁迅为什么要去踢那个鬼?因为他压根不相信世界上有鬼,在他眼里,那根本不是一个鬼,而是一个人。坚持真理的鲁迅,果断地揭穿了"鬼"的真面目。

坚持真理,是我们人生价值观的正确体现。但现实生活中,当你坚信的真理被多数人看作是谬论的时候,你是该相信自己,还是该随波逐流?是坚持真理,还是被他们同化?坚持真理不是件容易的事情,需要一种勇气,需要一种魄力,需要一种执著。坚持真理的人,是生活的智者,是无惧的勇士,具有不怕牺牲的精神。即使自己失去了一切,也在所不惜。

在春秋时期,齐庄公与大臣崔杼的妻子私通,被崔杼发现了。崔杼非常生气,于是设下圈套,谋杀了齐庄公,将齐庄公的异母弟杵臼立为国君,是为景公。崔杼自封为相国,独揽国家大权,专断朝政。虽然崔杼表面无限风光,但他却对弑君一事非常害怕,尤其担心自己的事迹会被史官记录在史册上,留下千古骂名。

为此,崔杼找来了专管史事记载的太史伯,对他说道:"昏君已经死了,你记录时就写他是患病而亡。如果你按我说的意思写,我一定厚待你,如果你不照办,那就别怪我不客气了!"说完,崔杼拔出宝剑,脸上充满了杀气。太史伯抬头看了看崔杼,不慌不忙地拿起竹简,提笔而书。写完之后,他将竹简递给了崔杼。崔杼接过竹简一看,上面赫然写着"夏五月,崔杼谋杀国君光。"崔杼勃然大怒,挥剑斩杀了太史伯。

按当时的惯例,史官是世袭的。于是,崔杼将太史伯的二弟太史仲叫来,对他说道:"你哥哥不听我的话,已经被我处决了,今后你就是太史官。你记录时写齐庄公是因病而亡,如若不然,你跟你哥哥会是一样的下场。"崔杼边恶狠狠地说,边指着太史伯的尸体。崔杼以为太史仲会因为害怕而听自己的话。谁料太史仲冷静地在竹简上写道:"夏五月,崔杼谋杀国君光。"崔杼更是怒不可遏,又拔剑斩杀了太史仲。

之后,崔杼又招来了太史伯的三弟太史叔,凶狠地对他说:"你的两个哥哥因为不听话,已经被我杀了。你如果按照我的意思写,我就给你一条生路。"太史叔平静地回答说:"按照事实秉笔直书,是每一个史官的天职。与其失职,还不如去死。"他还是在竹简上照实记录了崔杼的弑君事迹。崔杼气得七窍生烟,把太史叔碎尸万段了。接着,崔杼又令太史季补缺。太史季在竹简上写的依然是"夏五月,崔杼谋杀国君光"。崔杼看完之后,长叹一声,让太史季退下了。

齐国的另一个史官南史氏,在听说太史兄弟被杀害后,抱着竹简急匆匆赶来,想要接替太史兄弟继续记录崔杼的罪状,见太史季已经据实记载,这才返回去。于是史书上便留下了这样的话:"周灵王二十四年,齐庄公六年,春三月乙亥,崔杼弑齐庄公光于其府……"。

太史家的兄弟终于把崔杼弑君的恶行如实地记录了下来,为后世留下了真实的史料。同时,齐太史兄弟不畏强暴,前仆后继,秉笔直书的义举也被永载史册,受到后人的称诵。

鲁迅说:"一个人的生命是可宝贵的,但一代的真理更可宝贵,生命牺牲了而真理昭然于天下,这死是值得的。"做人要坚持真理,要在是非面前,旗帜鲜明地表明自己的立场,维护真理,这就是做人的骨气,也是做人的大气概。

7.懂得低头,让你的人生不平凡

自然界中有这样的一种现象,严寒的冬天,山谷中大雪纷飞,雪花落满了雪松的枝丫,每当积雪达到一定的程度时,雪松富有弹性的枝条就会向下慢慢弯曲,直到积雪从上一点一点滑落,这样反复地积,反复地弯,反复地滑落,因此风雪过后,雪松依旧完好无损。而其他的树由于没有这个本领,枝丫早被积雪压断了。

人生就像落满雪松的枝丫，总有被大雪压弯的时候，此时需要我们有处变不惊的平常心，去应付所有的压力。这种心境不是立刻就有的，需要我们一点一滴的去积累，去沉淀。当我们碰到承受不了的时候，不妨弯曲一下，就像雪松那样，暂时让一步，这样就不会被压断。弯曲不是妥协，而是战胜困难的一种理智。

人生是一段不能回头的旅程，每个人从呱呱坠地那一刻就开始了自己的旅程，体会沿途的风景和旅途的艰辛，或喜或悲。人生总有一刻，要向生活低头，对生命示弱，但这并不代表你的人生没有意义，没有价值。

鲁迅是中国文坛上的巨人，大多数人对他有一种敬畏之情。然而，只要你多了解鲁迅，就会发现他也有着普通人的一面，他也曾向生活和现实低头，比如说他娶朱安。

在日本留学期间，鲁迅发扬乐于助人的精神，帮助了一位日本女人。有一天午饭后，鲁迅在街上闲逛，看到一个领着好几个孩子的日本女人。她抱着一个，背着一个，身前走着一个，后面还跟着一个。鲁迅走上前，帮助日本女人抱了一个小孩，将女人送到了家里。巧的是，这一幕正好被一个多嘴的中国人看到了。他回到中国之后，造谣说鲁迅跟日本女人结了婚，还生了四个孩子。鲁迅的母亲听到这个消息非常着急，担心鲁迅真的取了个日本女人，于是就开始张罗着他的终身大事。那个时候的婚姻不像现在般自由，多是"父母之命，媒妁之言"。父母一旦给孩子订下了亲事，子女若不答应，就被视为不孝，会丢家里的面子。

鲁迅听说母亲帮他订亲的消息后，心里非常痛苦，却也不愿违背母亲的意愿。鲁迅希望找一个有文化的、思想先进的女人做妻子。于是他提出了两个要求：第一，这个女子必须去上学；第二，要这个女子将缠的小脚放开。这两个要求是知识分子对妻子最起码的要求。鲁迅母亲把他的两个要求告诉了订亲的女子，那女子却说自己的脚缠了多年，不能放大，

第五章 跟鲁迅学抗争——永不服输,才是骨气

也不愿意去学校读书。鲁迅听到回话之后,心里十分失望。即便母亲多次催促他回去结婚,他也一直都没答应。

有一天,鲁迅收到了一份电报,说是母亲病危。鲁迅看完电报,就赶紧回家去了。等他到了家里,发现家里张灯结彩,母亲非但没有病危反而喜气洋洋。就这样,鲁迅被"骗"回了家里,被迫跟一个女人结婚了。那个女人叫朱安,比鲁迅大3岁,性格温和、待人厚道。

尽管鲁迅对这桩婚事感到很痛苦,但为了不让母亲生气,他也只好听从,放弃了自己选择幸福的权力。另外,他也不忍心与朱安离婚,毕竟离了婚的女人要被人指指点点一辈子的。鲁迅结完婚后没几天,就找了个理由回了日本。别人问他回家干什么去了。他回答说:"母亲娶媳妇。"短短的几个字,虽幽默却也透露出了他的一丝无奈。

人是复杂的动物,即便是鲁迅这样一个进步的、善于思考的人,此时也表现得很简单、很草率。在人生大事面前,他选择了低头,迁就了自己沿袭封建旧传统做法的母亲,他的婚姻很大程度上就是对母亲的顺从。

鲁迅在初次婚姻面前低了头,但并不能说明他是个容易屈服的人。毕竟,他不向恶势力低头的性格,贯穿了他的一生。因此,鲁迅在婚后找借口离开家,也算是对母亲表示了一丝微弱的反抗吧!

生活中,如果你一味地昂着头,那就会给人一种趾高气扬、不可一世的感觉,让人敬而远。久而久之,人们就会觉得这是一种傲慢无礼、目中无人的傲气,而你也可能因此或不被认可,或遭人排挤。所以,人要时时刻刻学会低头,懂得低头,敢于低头。

美国著名政治家和科学家、《独立宣言》起草人之一的富兰克林,有一次到一位前辈家拜访,当他准备从小门进入时,因为小门的门框过于低矮,他的头被狠狠地撞了一下。出来迎接的前辈微笑着对富兰克林说:"很疼是吧?可是,这应该是你今天拜访我的最大收获。你要记住,要想平

191

安无事地活在这人世间，你就必须时时记得低头。"从此，富兰克林把"记得低头"作为毕生为人处世的座右铭。

低头是一种大智慧，不是自卑怯懦，也不是软弱退缩，而是理智中的圆滑，愚钝中的机智，是一种处世艺术，它能使你从低处走到高处，从平凡走向精彩。

艾迪尔·阿道夫15岁时，开始在父母开的加油站里帮忙。加油站里有三个加油泵、两条修车地沟和一间打蜡房。艾迪尔·阿道夫想要学习修车，但他的父亲却让他做前台，主要负责接待顾客。

当有汽车开进来时，阿道夫必须在车子停稳前就站到司机门前，然后帮忙检查油量、蓄电池、传动带、胶皮管和水箱。最初的时候，阿道夫认为这样的事情对自己来说小菜一碟，虽然他的父亲多次对他说："如果做得好，顾客大多还会再来。"他却没有听进去。

在一段时间内，每到周末总有一位老太太开车来这里清洗和打蜡。这辆车的车内地板中间有个很深的小凹陷，非常不容易打扫，而这位老太太还极为苛刻，每一次来领车时都会仔细检查一遍，发现那个深凹中稍微有一点灰尘，就要阿道夫重新打扫，直到清除掉每一缕棉绒和灰尘她才满意。

接连几次以后，阿道夫忍受不了，他再也不愿意服务那位老太太了。父亲为此斥责他一顿："孩子，记住，对于难缠的顾客，你更应该学会应对自如，他们往往比那些宽容的顾客更能锤炼你的忍耐意志和处事能力，向他们'低头'，你将'赚'到更多。"

父亲的话让阿道夫深受启发，从此他总想着多做一些，而且不管顾客有多么无礼的要求，他都低头承受。正是这种低头做人做事的态度，为以后阿道夫成为跨国企业区域总裁打下了良好的基础。

适当地示弱是一种智慧。"低头"并不是丢人的事情,向困境低头,你可以赢得暂时喘息的机会,以便储备更大的能量化解危机;向严厉、高傲的人低头,有助于你意志力和能力的锤炼,让你更快地出人头地;向盛气凌人的人低头,更可以避免一场唇枪舌剑,以免伤人又伤己。

人生需要百折不挠的精神,需要坚贞不屈的气概,但更需要那种低头的勇气。翻开历史画卷,我们看到了无数的贤人志士曾低下过头,但我们看到的不是卑微,而是崛起。低头并不等于认输,没有低过头的人也不曾取得真正的胜利,只有低下过头并且还能抬起来的才是真的成功。当然了,低头也应恰到好处,过多的低头会让我们丢掉人格的尊严和做人的原则,会让我们丧失掉骨气。

8.鼓足勇气,清除障碍

鲁迅曾说:"我觉得坦途在前,人又何必因了一点小障碍而不走路呢?"的确,人生坎坎坷坷,总是困难颇多,但如果人一遇到困难就逃避,那么他终将一生碌碌无为。困难并不可怕,可怕的是你对待困难的消极心态。威廉·马修斯说:"困难、艰险和考验,在我们走向幸福的人生旅途上碰到的这些障碍,实质上是好事。它们能使我们的肌肉更结实,使我们学会依赖自己。艰难险阻也不是什么坏事,它们能增强我们的力量。"

有这样一个故事。

一头驴掉进了枯井里,主人想了很多办法也没把它拉上来。看到驴苦苦挣扎的样子,主人于心不忍,为了尽快结束驴的痛苦,主人决心将它活

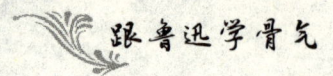

埋。于是,主人开始一点一点地向井里填土。

驴似乎知道了主人的用意,它开始悲鸣。主人听到了驴的叫声,一阵心酸,于是便加快了填土的速度。过了一会儿,驴不再叫了,主人以为驴已经死了,可当他低头向井底看的时候,却发现驴没有死,它还好好地站在那里。原来,驴把那些落在它身上的土,都抖落了下来,然后踩在脚下。

就这样,主人不停地填土,驴不停地踩,没过一会儿,驴竟然站到了井口,活了下来。

驴的故事验证了一句话:"山重水复疑无路,柳暗花明又一村。"在生命的旅程中,总会有"枯井"在等着我们,总会有寂寞、失望、幻灭、痛苦等"泥沙"降落到我们身上。想要从"枯井"中脱困,就要把"泥沙"抖落掉,然后将它们踩在脚下,让它们成为我们前进的"垫脚石"。

不管我们是否害怕困境,我们总要承认一个现实:生活中的困境是无法避免的。处在人生的低谷时期,我们要承受生活上、精神上甚至人格尊严上的压力,但是困境并不等于绝境,因为解决问题的方法不可能只有一种。面对困境,最重要的是要有足够的信心,要有接受现实的勇气,要能在困境中找到出路。

鲁迅说:"走'人生'的长途,最易遇到的有两大难关。其一是'歧路',倘是墨翟先生,相传是恸哭而返的。但我不哭也不返,先在歧路头坐下,歇一会,或者睡一觉,于是选一条似乎可走的路再走,……其二便是'穷途'了,听说阮籍先生也大哭而回,我却也像在歧路上的办法一样,还是跨进去,在刺丛里姑且走走。"

墨翟和阮籍都走了回头路,就等于承认了自己的失败。但鲁迅却不愿意退回去,他依旧保持着积极的心态,鼓舞自己,想尽一切办法不断向前。

困境是一种激励和机遇,抓住了这个机遇,就是成功的开始。很多时

第五章 跟鲁迅学抗争——永不服输,才是骨气

候,转机就潜藏在困境之中。面对困境,我们应该学会放下一切得失,勇往直前奔向理想,不断地追寻信心、希望和勇气。这些是能够帮助我们逃离命运"枯井"的助推剂。

吉尔·金蒙特是美国最有名气的滑雪运动员,她在18岁时就已经出名了。当时,她的奋斗目标是获得奥运金牌。然而,一场悲剧让她的美好愿望变成了泡影。1955年1月,在奥运会预选赛最后一轮比赛中,金蒙特不幸出了意外,永久性瘫痪了。

对金蒙特来说,这无疑是一个致命的打击,她的奥运金牌梦刚刚开始就彻底破灭了。但面对如此困厄,金蒙特的斗志并没有被磨灭,依旧在与病痛斗争。几年内,她整天和医院、手术室、理疗室、轮椅打交道,病情时好时坏,但她从来都没有放弃过对生活的追求,她开始从事有益于公众的事业,完成自己未遂的梦想。

接下来的日子里,金蒙特克服重重困难,学会了写字、打字、操纵轮椅、用特制汤匙进食,同时还在加州大学洛杉矶分校选听了几门课程,希望今后能成为一名教师。当金蒙特向教育学院提出申请时,却遭到了系主任、学校顾问和保健医生的质疑,因为她根本无法上下楼梯。然而,金蒙特却并没有因此而放弃。终于,1963年,华盛顿大学教育学院聘用了她。因为她教学有方,深受学生们的尊敬和爱戴。

后来,由于父亲去世,金蒙特一家不得不搬到曾拒绝她当教师的加利福尼亚洲。金蒙特决定向洛杉矶地区的90个教学区逐一申请,当她申请到第十八所学校时,已经有3所学校表示愿意聘用她。为了方便她的轮椅通行,学校特意对其要经过的一些坡道进行了改造,并解除了教师必须站着授课的规定。

金蒙特一直没有放弃她的理想。很多年过去了,尽管她从未得到奥运金牌,但却得到了另一块"金牌",那就是为了表彰她的教学成绩而授予

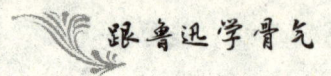

她的奖章。

生命的旅程并没有预定的轨迹,不管是处于高峰还是低谷,坚定的信念永远都是巨大的动力,它可以推动我们去做别人认为不可能做到的事,可以让我们在困难重重的道路上取得成功。要知道,生活没有绝境,绝境只是因为你的心没有打开。

罗曼·罗兰曾说:"不幸不会长续不断,你要耐心忍受,或是鼓起勇气把它驱走。"当我们在生活中陷入困境时,要么在实际生活中冲出困境,对于可以挽回的事情,明智地改变它,解决它;要么就是从思想上冲出困境,对于无法挽回的事情,睿智地面对它,接受它。

总之,人生的低谷并不可怕,可怕的是我们一直沉溺其中,不知自拔。只要懂得了如何走出人生的低谷,就能够顶住心理压力,迎接更加美好的明天。

9.绝望之中往往伴有希望

人生没有绝路,只有你不想走的路。生活中似乎处处充满了绝望,而人的精神之所以没有被击倒,是因为绝望中永远都蕴藏着希望的种子。学会在绝望中寻找希望,人生必将活出不同!

1915年夏天,陈独秀在上海创办《新青年》。他要用新思想和新文化唤醒年轻人!这一行动得到了胡适、李大钊、钱玄同等人的大力支持,他们先后参加了编辑工作,将《新青年》办得生气勃勃。蔡元培出任北京大学

第五章 跟鲁迅学抗争——永不服输,才是骨气

校长后,决心将学校改造成新思想的大本营,便将陈独秀和胡适等请去当教授,《新青年》也随之迁往北京。到1917年和1918年,北京已经形成了一个以《新青年》和北京大学文科为中心的新文化运动中心,它激动了几乎每个敏感的读书人的心。

鲁迅当时在北京教育部任职,他不仅听说了《新青年》,还买来看了看,认为这份杂志办得不好。有一天,鲁迅的同学钱玄同来到了鲁迅家里,想要邀请他参加新文化运动。鲁迅正在家里抄写古碑,钱玄同问他:"你抄了这些有什么用?"鲁迅头也不抬,只说了一句:"没有什么用。"钱玄同又问:"那么,你抄它是什么意思呢?"鲁迅随口说道:"也没有什么意思。"钱玄同突然说道:"我想,你可以做点文章……"鲁迅一下子明白了钱玄同此行的目的。

此时的鲁迅有些消沉,他不想再写什么文章,于是对钱玄同打了个比方说:"假如一间铁屋子,是绝无窗户而万难破毁的,里面有许多熟睡的人们,不久都要闷死了,然而是从昏睡入死灭,并不感到就死的悲哀。现在你大嚷起来,惊起了较为清醒的几个人,使这不幸的少数者来受无可挽救的临终的苦楚,你倒以为对得起他们么?"

鲁迅的意思很明确,中国正在走向灭亡,国家没有希望,国民还那么愚昧无知,虽然有个别人懂得要起来反抗,但是国家最终还是要走向灭亡的。鲁迅是感到了绝望,才在家里抄起了古碑来。

钱玄同激动地说:"几个人既然起来了,你就不能说,他们没有毁坏这铁屋的能力。"

鲁迅被这句话深深地打动了,他想:虽然我知道一定不会成功,但是希望,却不能抹杀的,因为希望在于将来,决不能以我之必无的证明,来折服了他之所谓可有。最终,鲁迅答应了钱玄同的请求,开始在《新青年》上投稿。

在你遇到困难时,是什么支撑你走出来的?在你遇到挫折时,是什么让你鼓起向前的勇气?你遭遇了磨难,又是什么让你坚定心中的信念?答案就是希望。鲁迅先生曾说过:"希望是附丽于存在的,有存在,便有希望,有希望便是光明。"

人活在世上,不能没有希望,否则就会失去前进的方向,失去前进的动力,失去战胜困难的勇气,失去奋勇拼搏的力量。希望孕育着力量、勇气和动力,它能让濒临死亡的人在绝望中看到曙光,能让身处绝境的人燃起重新站起来的激情。

桑地亚哥是海明威的《老人与海》中的主人公。这个老渔夫一生孤独、贫穷、不走运,但是他却说:"一个人并不是生来要给打败的。"一句简单的话语,却透露着坚强。

桑地亚哥已经连续84天没打到鱼了。头40天还有个叫曼诺林的孩子和他一起,后来,孩子的父母嫌老头不走运,便叫孩子搭了别的船。

第85天一大早,这天天气很好,老人决定到更远的大海深处捕鱼。黎明时,他已在钓丝上装上沙丁鱼,放到适当深处,让小船随海水漂流。

老鹰在上空打着旋,老人将钓丝插到1英里深的海里。突然,他看见伸出水面上的绿色竿子急速地坠到水里,他知道,这是一条马林鱼正吃钩尖和钩把子上的沙丁鱼。老人灵巧地握住钓丝,他感到下面的分量越来越重。中午时分,大鱼终于上钩了,老人用双手拼命收着钓丝,但依然不能提上一英寸,鱼船和人都在水面慢慢飘流。太阳落山了,大鱼依然未浮出水面,老人想:我拿它没有办法,它拿我也没有办法。

太阳又升起来了,鱼依然向北游。老人疲惫不堪,左手在抽筋,他吃些生鱼以增加体力。鱼终于跳出海面,比小船还长两英尺哩。老人放出更多的钓丝,紧紧拽住。手已皮开肉绽,涌出鲜血。第三天,大鱼开始打转,最后银花花的肚皮终于翻出水面,老人使尽平生的力气把它杀死,并将它绑在船边。那家伙足有1500磅,或许更重。

死鱼的血腥味引来了鲨鱼群,它们围着船打转。老人用鱼叉扎,用桨、舵柄、刀子等与鲨鱼拼死搏斗。他深信:"人并不是为了失败而生的,一个人可以被消灭,但不能给打败。"最终,鲨鱼吃掉了他千辛万苦得来的大马林鱼的肉,仅仅留下一副大鱼的骨架。

子夜时分,老人终于驶进小港,回到他的小茅棚。天亮后,当人们对着那大鱼的骨架发出惊叹的时候,曼诺林送来了热咖啡,并告诉老人,以后和他一起出海。

希望给人以动力,给人以光明。尽管桑地亚哥最终只是带回了一具鱼骨架,但是他却在绝境中看到了希望,并且用实际行动证明了自己,依靠乐观、自信、勇敢、坚韧走出了绝境。当你陷入看起来无法克服的绝境时,希望往往能激发出你潜在的斗志。

希望是什么?它是人们对美好未来的憧憬,是人们对幸福生活的向往。当人们心中有了希望,并能够在生活中坚定这种信念时,这种美丽的憧憬就会生根、发芽、开花、结果。生活并不是一帆风顺的,路途中总有无数的挫折、失败、困难在等着我们。但是,只要我们时刻充满希望,不灰心、不放弃、不失望,积极应对,就一定能够战胜它们。永远没有什么可以击退一个坚决强毅的希望。

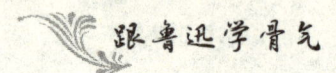

10.不满足于现状，要进步

　　成功从来没有止境，一个人要想进入更高的成功境界，创造更大的作为，就必须拥有一颗"不知足"的心。永不知足，才能进取无止境，进取无止境是一切成功者的特质。

　　鲁迅先生说得好："不满足是向上的车轮。"被誉为"中国火锅皇后"的何永智就是个永不知足的人，她永远处于不懈地追求和进取之中。

　　何永智原来在一个儿童鞋厂任设计师，丈夫是电工，靠领工资度日，日子过得挺紧巴。何永智并不满足于现在的生活，于是，她选择下班后做些小买卖，以改变窘迫的处境。1982年，何永智用卖房的3000元人民币，买下了重庆八一路的一间临街房，卖服装和皮鞋。经过努力经营，生意规模迅速扩大。

　　后来，八一路改成了火锅特色一条街，何永智也跟着开了"小天鹅火锅店"，店里最初只能摆下三张桌，设三口锅。第一个月没有经验，亏损。第二个月何永智把心思用在两个方面：口味和服务。此后，生意一天天好起来。

　　何永智辞了工作，专心经营火锅店，在口味、服务、诚信上做文章，生意逐渐火起来。6年后，她成了这条街上的"火锅皇后"，经营面积扩大到100多平方米。她虽已腰缠百万，但她没有停息，因为她有更大的梦想！

　　1990年，她在成都租下2000平方米的房屋，开设了第一家分店。按照她在八一路取得的经验经营，生意十分红火。她又扩大规模，在成都附近的绵阳、双流、温江等地陆续开了五六家分店，生意好得令人眼红。

　　1994年6月8日，天津加盟连锁店正式开业，一炮走红，8个月就收回了

第五章 跟鲁迅学抗争——永不服输,才是骨气

投资。何永智体会到连锁店的好处,她继续以平均每月一家的速度开办加盟连锁店,向全国各大城市推进。很快,上海、北京、南宁、广州、西安、沈阳、哈尔滨等地都开起了加盟店。1995年,还开到了美国西雅图等地,成为国际型企业。何永智一举跨入亿万富豪的行列。

强烈的进取心一直激烈着我们为登上更高的台阶而拼搏。无论你从事什么工作,扮演什么角色,也无论你在现实中是否成功,都应该坚决杜绝"安于现状,不思进取"的思想,而要以一种积极向上的心态去赢得精彩的人生。

安于现状,会让人失去追求卓越成就的原动力;安于现状,会让人忽视危机的存在;安于现状,会让人看不到更高的目标。安于现状,不思进取,是人生中最大的障碍,它使人产生畏惧心理,让人失去对生活的兴趣、勇气和信心。正如鲁迅先生所说:那些维持现状的先生们,貌似和平,实乃进步的大害。最可笑的是他们对于已经错定的,无论如何毫无改革之意,只在防患未然,不许"新错",而又保护"旧错",这岂不可笑。老先生们保存现状,连在黑屋子里开一个窗也不肯。

杰弗森先生是一位成功的企业家,他从一个普通的事务所小职员做起,经过多年的奋斗,终于拥有了自己的公司。

这一天,杰弗森先生从他的办公楼走出来,刚走到街上,就听见身后传来"嗒嗒嗒"的声音,他知道,那是盲人用竹竿敲打地面发出的声响。杰弗森先生愣了一下,缓缓地转过身。

那盲人似乎感觉到前面有人,连忙上前说道:"尊敬的先生,您一定发现我是一个可怜的盲人,能不能占用您一点点时间呢?"

杰弗森先生说:"我要去会见一个重要的客户,你要说什么就快说吧。"

盲人在他的包里摸索了半天，掏出一个打火机，说："先生，这个打火机只卖两美元，这可是最好的打火机啊！"

杰弗森先生听了，叹了口气，他把手伸进西服口袋，掏出一张钞票递给盲人："我不抽烟，但我愿意帮助你。这个打火机，也许我可以送给开电梯的小伙子。"

盲人用手摸了一下那张钞票，竟然是100美元！他用颤抖的手反复地抚摸着，嘴里连连感激道："您是我遇见过的最慷慨的先生！仁慈的富人啊，我为您祈祷！上帝保佑您！"

杰弗森先生笑了笑，正准备离开，盲人拉住他，又喋喋不休地说："您不知道，我并不是一生下来就瞎的。都是23年前布尔顿的那次事故，太可怕了！"

杰弗森先生听闻一震，问道："你是在那次化工厂爆炸中失明的吗？"

盲人仿佛遇见了知音，兴奋得连连点头："是啊是啊，您也知道？这也难怪，那次光炸死的人就有93个，伤的人有好几百，可是头条新闻哪！"

盲人想用自己的遭遇打动对方，争取多得到一些钱，他可怜巴巴地说："我真可怜啊！到处流浪，孤苦伶仃，吃了上顿没下顿，死了都没人知道！"他越说越激动，"您不知道当时的情况，火一下子冒了出来！仿佛是从地狱中冒出来的！逃命的人群都挤在一起，我好不容易冲到门口，可一个大个子在我身后大喊：'让我先出去！我还年轻，我不想死！'他把我推倒了，踩着我的身体跑了出去！我失去了知觉，等我醒来，就成了瞎子，命运真不公平呀！"

杰弗森先生冷冷地说："事实恐怕不是这样吧，你说反了！"

盲人一惊，用空洞的眼睛呆呆地对着杰弗森先生。

杰弗森先生一字一句地说："我当时也在布尔顿化工厂当工人。是你从我的身上踏过去的！你长得比我高大，你说的那句话，我永远都忘

第五章 跟鲁迅学抗争——永不服输,才是骨气

不了!"

盲人站了好长时间,突然一把抓住杰弗森先生,发出一阵大笑:"这就是命运啊!不公平的命运!你在里面,现在出人头地了,我跑了出去,却成了一个没有用的瞎子!"

杰弗森先生用力推开盲人的手,举起了手中一根精致的棕榈手杖,平静地说:"你知道吗?我也是一个瞎子。你相信命运,可是我不信。"

同样是盲人,一个安于现状,不思进取,而另外一个,不满足于现状,一直进步,结果,一个是普通的盲人,而另一个却是成功的盲人。美国有句名言:"当一个国家的青年人都因循守旧时,它的丧钟便已经敲响了。"这便是安于现状,不思进取导致的严重后果。

古罗马的老普林尼在《博物志》上说:"人天性渴求新事物。"我们每一个人都有美丽的梦想,不要让我们的梦想因当下的环境而停滞不前。如果你真的有志向,就不应该再困顿于狭窄的小天地。安于现状,不思进取,只会使你丧失更多成功的机会。没有进取心,得过且过的人,永远都只能是平凡的人。

每个人在日常的生活中都应该少一些"安于现状",多一些"努力奋斗",因为生命赋予了我们正视这个世界的勇气。生命掌握在我们自己的手中,我们完全有能力去创造、改变、选择和追求我们想要的生活,去很好地实现自己的人生价值。人活一口气,有进取心的人才能够获得更大的胜利。

11.乐观的心态,成就美好人生

生活不可能是一帆风顺的,没有挫折的人生不是完整的人生。那么,我们应该怎样面对生活中的挫折?是乐观豁达,还是消极懈怠,都取决于个人的选择。乐观的人对生活充满了希望,为了希望,他们积极进取,直至获得最终的成功。悲观的人则是消极颓废,遇到一点不如意就抱怨,对生活充满了失望,在失望的指引下,他们在人生的旅途中迷失了方向,最终一事无成。所以,人要有乐观的心态,才能让人生更美好。

鲁迅经受了众多的敌意,后来家庭又四分五裂,兄弟反目,这将他推入了悲观和绝望之中。1925年,鲁迅几乎已经到了厌烦别人奢谈未来的地步,他甚至将所有"将来一切好"式的议论,都看成是某种欺骗,在那一段时期内,鲁迅写出的文章大都带有一股怨气。

然而,鲁迅毕竟是鲁迅,即便在人生最黑暗的时候,他依旧选择了坚持。他调整好心态,重新找回信心,他对朋友们说:"无论如何,将来总归是我们的。""人生现在实在痛苦,但我们总要争取光明,即使自己遇不到,也可以留给后来的。我们这样的活下去罢。"他还在自己的文章中表现出了乐观的姿态:"历史绝不倒退,文坛是无须悲观的。""我已经确切地相信:将来的光明,必将证明我们不但是文艺上的遗产的保存者,而且也是开拓者和建设者。"鲁迅再次成为了生活和革命中的勇者。

乐观的心态是一个人面对人生荆棘的态度和风范,也是一个人幸福快乐的因素。

一位哲学家不小心掉进了水里,被救上岸后,他说出的第一句话是:

第五章 跟鲁迅学抗争——永不服输,才是骨气

"呼吸空气是一件多么幸福的事情。"据说,那位哲学家活了整整100岁,临终前,他依旧微笑且平静地重复着那句话:"呼吸是一件幸福的事。"言外之意,活着就是一件幸福的事。正是这种乐观的心态让他更加珍惜生命,快乐地生活着,而在这个过程中,他也是很幸福的。

事实上,生活的幸与不幸,如镜子的两面,做一个乐观的人,努力发现阳光的一面,人生就会充满快乐与幸福。

任何事情都不是绝对的,它们之间总有一些联系,总可以在一定的条件下相互转化。让"悲观"化成"乐观",只需要我们调整一下心情,不过最关键的还是要看我们有没有乐观的心态。歌德说:"人之所以幸福,是因为他的心灵感到幸福。乐观的人始终成就乐观的人生,悲观的人只能躲在岁月的角落里偷偷地哭泣,面对人生,我们所能选择的只有乐观。"乐观是一座灯塔,在你失望的时候,为你指明前进的方向;乐观是一杯甘甜醇香的美酒,在你烦躁的时候,为你的五味人生送去一丝清新和清凉;乐观是一把锋利的武器,在你前进的时候,为你披荆斩棘。

1929年的某一天,班·符特生在开车回家的途中,出了点意外,车子撞上了一棵大树,他的脊椎因此受了重伤,两条腿也被截了肢,从此,他要在轮椅上度过他的下半生。这对班·符特生来说无疑是一个重大的打击。最初的他无法接受这个事实,心中充满了愤恨,他抱怨命运,甚至仇视所有想帮他的人。有时候,他人一句亲切的问候,他都会认为那是对自己的讽刺;他人一抹温和的微笑,他都会认为那是虚情假意。他的脾气变得越来越古怪,也越来越暴躁。

时间一年年的过去,班·符特生发现自己的抱怨让自己一事无成,而且还让人更加疏远自己。慢慢地,他开始认识到别人对他的好,他觉得自己也应该友好地对待每一个人。于是,人们惊喜地发现,班·符特生又变得活泼开朗、彬彬有礼了。

后来，有人问他："那一场车祸是不是一场特别不幸的遭遇，让你悲观、抱怨了那么长时间？"班·符特生回答说："你以为我的遭遇很悲惨吗？不是的。相对于别的很多不幸的人来说，我已经是个幸运儿了，所以，我不应该消沉下去。这场遭遇是我生命的开始,对我来说很重要。"在震惊和悔恨过后，班·符特生开始积极地面对生活，开始涉猎大量的优秀文学作品，在书海中，他明白了什么是生活,什么叫理想。

不仅如此，班·符特生还变得善于思考了，他说："有生以来第一次,我仔细地观察这个世界，因而有了真正的价值观。我终于明白，我过去的那些理想和努力，其实不过是在浪费宝贵的生命。"

后来，班·符特生又慢慢地对政治有了兴趣。在潜心研究社会，积极调查各种社会问题的过程中，他逐渐形成了自己的思想主张。此外，他还坐着轮椅去各地做演讲，其主张也得到了很多人的认可。到了选举的时候，人们并没有在意他残疾的双腿，义无返顾地推选他出任州政府秘书长。因为他们坚信,这个乐观的人，肯定会有一番作为。

悲观是失败的根源，是烦恼的土壤，是抱怨结出的苦果。它让人心烦意乱，精神萎靡。悲观的滋味实在是不好，于是班·符特生愤然打破一切，乐观地面对生活，从此"走"上了成功的坦途。

乐观是一个指南针，让你在驶向成功的道路上，阔步前进；乐观是一剂良药，可以医治苦难的伤痛。为了美好的人生，请让乐观主宰你自己！

第六章

跟鲁迅学正气

——正义凛然，绝不动摇

司马迁曾说："人固有一死，或重于泰山，或轻于鸿毛。"其实死亡是每个人都要面对的，一个人如果能为正义而死，那是死得其所；但如果因为害怕死、逃避死而对敌人卑躬屈膝，就会被万人唾弃。有骨气的人在面临生死抉择时，总是选择舍生取义。骨气是人与生俱来的一种东西，不会因为外物的干扰或阻挠而消减。所以，真正有骨气的人宁可站着死，也不跪着生，宁可舍弃生命，也不出卖人格。为的就是坚持心中的一腔正义。

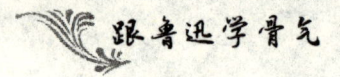

1.爱国,从自身开始做起

祖国是我们的家园,爱国就是对家园的热爱,是我们每个人都应该具有的精神。在中国五千年的发展历程中,中华民族形成了以爱国主义为核心的伟大的民族精神。提到爱国,人们往往想到的是抛头颅、洒热血,轰轰烈烈地干一番大事业,其实不然。爱国有很多种方式,努力学好知识是爱国,为祖国贡献力量是爱国,尊老爱幼是爱国,爱护环境也是爱国。作为一个平凡人,我们不需要为国家做出什么轰轰烈烈、惊天动地的大事。对我们来说,"爱国"就是从自身做起,做一些自己力所能及的事情。

在南京读书时,鲁迅基本上已经掌握了英语和德语。在进入了日本弘文学院后,他又刻苦攻读日文,不久便基本上也学通了日语。

有了三门外语的基础,鲁迅就开始大量地阅读外国的先进的科学书和文学书。当时的中国懂外语的人很少,翻译成中文的外国文艺作品更是非常少,仅有的几本还有很多错误。其中一位叫林琴南的,他不懂外文,却翻译了大量的外国文艺作品,都是别人口译过来,他再用文言文写出来。鲁迅很欣赏林琴南把外国文化传入中国的这种做法,但他发现林琴南有很多译得不准确和不正确的地方,他把它们一一找出来,仔细地进行订正和补充。

虽然当时的日本人很歧视中国人,但他们对中国古老的文化还是非常欣赏的。比如日本人非常喜欢屈原的《离骚》。在日本,到处都有卖日语版的《离骚》。为了让自己的日语学得更好,鲁迅还买了线装的日语版《离骚》来看。对于其中的许多句子,他都背得很熟。他还能够找出日文版翻译得不确切的地方,并用日语翻译订正。

当时的中国是个半封建半殖民地的国家,一些会外语的中国人为了

第六章 跟鲁迅学正气——正义凛然,绝不动摇

赚钱,翻译了许多外国的黄色小说,这对中国人民更加产生毒害的作用。鲁迅看到这种情况,非常地生气。于是他在学习之余,也开始翻译外国作品,但他翻译的书都是有益于国民思想的。

1903年,鲁迅翻译了第一本希腊故事《斯巴达之魂》,并发表在了日本出版的杂志《浙江潮》上。这部作品描述了斯巴达勇士与波斯王大战的故事。300个斯巴达勇士被围困在温泉门,围攻他们的敌人有好几万人。他们就与这几万人进行了浴血奋斗,宁愿死去也不投降,最后有299人在战场上牺牲了,只有一个人活了下来。

这个人之所以能活下来,是因为在大战前夕,他得了眼病,看不清东西,于是就去外地医病了,没有参加这场战斗。看着死去的战友,他非常伤心,在向战友们行过礼之后,他回到了家里。他的妻子觉得他没有参加这次壮烈的战斗,自己一个人活着回来是一种耻辱,于是她劝自己的丈夫找到敌人,并与敌人拼命,哪怕是死在战场上。

鲁迅之所以精心地翻译这部作品,是为了教育当时的国人,要像斯巴达的勇士那样,拯救我们处于危难中的祖国。鲁迅认为,当时的中国人不仅需要思想上提高认识,更多的是要学习科学知识。于是,他又翻译了法国的科学小说《月界旅行》和《地底旅行》。因为鲁迅不懂法语,所以这两本书,是根据日译本转译过来的。

鲁迅翻译这两本书时,加上了些自己生动的描绘,使它读起来更生动、有趣,把深奥的科学知识,深入浅出地介绍了出来,很适合文化底蕴比较浅的人来看。这应该是中国最早的科普读物了。后来,他还翻译了一部《北极探险记》,这本书译得更加生动有趣,可惜的是,这部科学文艺读物的原稿已经找不到了。

那时的鲁迅年仅23岁。但为了他的祖国,他正在尽自己最大的努力去做有益于国家的事情。

爱国的人，在民族是非面前，懂得维护自己的人格以及国家的国格，他们是值得敬佩的。梅兰芳在抗战期间蓄须明志，不为敌人演出，表现了一代艺豪不屈不挠的刚强骨气。这一事件成为神州大地感人的佳话，在中华儿女中广为传颂，极大地鼓舞了中国人民奋勇抗战的决心。

1937年8月13日，日军进攻上海，淞沪战事爆发。日寇占领上海不久，得知蜚声世界的京剧第一名旦梅兰芳住在上海，就派人请梅兰芳到电台讲话，让其表示愿为日本的"皇道乐土"服务。梅兰芳洞察到日本人的阴谋伎俩后，决定尽快离沪赴港，摆脱日寇的纠缠。于是，他一边让人给日本人带口信，说自己最近要外出演戏，一边携家率团星夜乘船赴港。梅兰芳来到香港后，深居简出，不愿露面。为了消磨时光，他每天练习太极拳、打羽毛球、学英语、看报纸、看新闻外，并把主要精力用来画画。他喜欢画飞鸟、佛像、草虫、游鱼、虾米和外国人的舞蹈。这些作品，家人和剧团人员看到后十分高兴，都说这些画给他们带来了许多美感和欢乐。

1941年12月下旬，日军侵占香港，梅兰芳苦不堪言，担心日本人会来找他演戏，怎么办？他与妻子商量后，决心留蓄胡子，罢歌罢舞，不为日本人和汉奸卖国贼演出。他对友人说："别瞧我这一撮胡子，将来可有用处。日本人要是蛮不讲理，硬要我出来唱戏，那么坐牢、杀头，也只好由他了。"

1942年1月，香港的日本驻军司令酒井看到梅兰芳留蓄胡子，惊诧地说："梅先生，你怎么留起胡子来了？像你这样的大艺术家，怎能退出舞台艺术？"梅兰芳回答说："我是个唱旦角的，如今年岁大了，扮相也不好看，嗓子也不行了，已经不能再演戏了，这几年我都是在家赋闲习画，颐养天年啊！"酒井一听，十分不悦，气呼呼地走了。过了几天，酒井派人找梅兰芳，一定要他登台演出几场，以表现日本统治香港后的繁荣。正巧，梅兰芳此时患了严重牙病，半边脸都肿了，酒井获悉后无可奈何，只好作罢。

第六章 跟鲁迅学正气——正义凛然,绝不动摇

祖国是哺育我们的母亲,是生命的摇篮,我们应该爱自己的国家,应该因为自己是一个中国人而感到骄傲。爱国,是一种坚定的民族精神,是一种振兴中华的责任感,是一种维护国家尊严的气魄。哪怕只是翻译图书、蓄须明志这样看起来平凡的事情,只要做好了,就是爱国。

2.尊严受伤,不能沉默

做人要有骨气。这个世界,的确不乏有骨气之人,但也并不是每个人都能让自己有骨气地活着。尤其是在重要的关头,真正能够做到"宁可站着死,也不跪着生"的人少之又少。

1902年,鲁迅带着一腔热血与满腹希望,开始了在日本的留学生涯。这个"弹丸小国"的人,经常欺辱鲁迅等中国留学生。当尊严被侮辱的时候,鲁迅奋起抵抗,并最终取得了胜利。

鲁迅和其他同学来到弘文学院没多久。有一天,学监大久保先生把他们召集在一起,对他们说:"因为你们都是孔子之徒,所以今天就到御茶之水的孔庙去行礼吧!"大家听了他的话,都吃了一惊。为什么呢?因为他们正是对孔夫子绝望了,才选择来到日本求学的,现在竟然要他们膜拜孔夫子的像,实在是太不可思议了。后来他们才知道,弘文学院有明文规定:"凡逢孔圣诞辰,晚餐予以敬酒。"

校长嘉纳治五郎公开对学生演说:"振兴中国教育以进入20世纪之文明,因不必待求之孔子之道以外,而别取所谓道德者以谓教育。然其活用之方法,则必探明中国旧学而又能参合泰西伦理道德学说者,乃能分别其条理而审之规律。"留学生们对这种遵循孔孟之道的保守方针,以及在这种方针指导下的保守课程内容,感到非常失望。于是,他们提出了改革的建议,但都被嘉纳治五郎否决了。

1903年3月25日,学监大久保、教务干事三矢召集学生会干部,公布了校方新制定的12条规定。这些规定非但没有涉及到教育改革,而且在经济上还变本加厉地苛待学生。如规定学生无论是临时告假归国还是暑假归国,都得交六元半的钱。这些新规定自然引起了学生会干部的不满。为了维护学生的利益,学生会干部多次与校方进行交涉,但是教务干事三矢却宣称新规定不能更改,必须坚决执行。他还声明,谁要是不遵循新规定,可以选择退学,校方不会强留。

三矢的傲慢和轻蔑态度,让中国留学生们感到十分愤慨。3月27日,他们召开留学生特别会,在这次会议上,他们做出了一起退学的决定。第二天,鲁迅、许寿裳等52名中国留学生立即将决定付诸行动,选择离开学校。这一举动显示出了中国学生不容侮辱的尊严和抗争到底的决心。校方没有想到他们竟然真的说退学就退学,便做出了让步,对课程进行了改良。

退学的学生们又在3月31日召开会议,向校方提出包括撤销三矢教务干事之职和更订课程在内的7项条件。嘉纳治五郎都接受了,条件是要求学生们承认自己有错误。但学生们并没有答应,他们毫不客气地说:"这一切都是因为日本学校不尊重中国学生而引起的,中国学生绝对不会认错。"经过半个多月的斗争,校方终于妥协了,中国留学生得以顺利返回校。嘉纳治五郎承认自己有"不善过"。

鲁迅自始至终都参与了这场斗争。胜利之后,他给家里人写了一封信,说:"弘文事已了,学生均返校矣!"

第六章 跟鲁迅学正气——正义凛然,绝不动摇

有骨气,有尊严是做人的起码准则。尊严使人不再丑陋,让美丽成为永恒。如果你想活得有自信,有尊严,就应该拿出做人的骨气来,好好守护你的人格。

在这个世界上,有些东西是不该要的,有些事情是不该做的,尤其是涉及人格问题,更是应该有所为有所不为。所以,在历史的长河中,总是有那么一些人宁愿牺牲性命,也不肯屈服于他人。自尊是衡量一个国家、一个民族素质高低的标志,是民族腾飞的象征。面对尊严不能有丝毫马虎,要对自己负责。维护尊严是每一个人人格不受污辱的保障,是一种挺起胸膛的魄力,是一种让人生散发光彩的勇气。

70年代初,曲小雪去了美国留学。因为家境贫穷,所以她一边上学,一边在路易斯太太家里打工。虽然她工作勤勤恳恳,认认真真,但当时的美国人却根本看不起她,还多次侮辱她,有的时候甚至到了难以忍受的地步。有一天,曲小雪决定辞职,但是老太太的儿子,银行家爱德华却蛮横地拦住了她,并声称:"中国人连黑人都不如。"由于事关中国人的尊严,曲小雪当时激动地回击他说:"请不要侮辱我们中国人,我可以告诉你,在我所在的大学里,我们班级50个硕士研究生,有41个都是我们黄皮肤、黑头发的中国人。而遗憾的是,你的同胞只有三个,而且还是倒数三名,但我们没有看不起他们。"

爱德华母子恼羞成怒,毒打了弱小的曲小雪,致使她膑软骨永久性挫伤,脊椎骨错位弯曲以及严重脑震荡。更让人不能忍受的是,爱德华母子竟恶人先告状,告曲小雪无理取闹。无奈之下,曲小雪打起了官司。在之后的4年,她忍受着病痛的折磨,法庭内外的巨大压力以及种种意想不到的困难。最后由最高巡回法庭审理此案。在法庭上,曲小雪以超群的智慧和充足的理由粉碎了华盛顿三位大律师庭外和解的企图。法官宣判被告赔偿原告5250美元,并当场向原告赔礼道歉。曲小雪接过支票,向全场抖

了抖,义正言辞地说:"刚才被告在不得不向我公开道歉之后,又非常及时地在法庭上给我这张支票,他们这样做,是想造成一种印象:这个中国人之所以旷日持久地坚持打这场官司,无非就是为了这张支票。让人觉得钱才是我打这场官司的目的,也只有钱才能为这场官司画上句号。可你们错了!至少我这个中国人,当然,还有许许多多的中国人都绝不会在你们的美元面前低下自己高贵的头颅!我打这场官司,是为了讨回我做人的尊严!尊严!美元,在我的尊严面前一分不值。见鬼去吧!美元。"曲小雪说完,将支票一点一点地撕碎,抛向法庭的上空。

曲小雪讨回的不仅是个人的公道,维护的也不仅是个人的人格尊严,她维护的是拥有五千年文明的伟大民族的尊严!

尊严是做人的高贵,是生命的价值,它重于泰山。真正有尊严的人,绝不会拿人格交换任何东西。当你遭遇不幸时,总有人刻意地践踏你的尊严,你的人格,而这时候,你更要挺起胸膛,捍卫尊严,不让自己受辱。尊严与人性相关,与国运相连。守住尊严,便留住人性的良知;守住尊严,便留住生命的希望;守住尊严,便留住生活的美好。

3.正气,让人无所畏惧

亚圣孟子说:"吾善养吾浩然之气。"所谓浩然之气,就是指人的道德修养达到很高的水平的时候,所具有的一种正义凛然的精神状态。有了这股浩然之气,人就有了精神美、人格美。正气是熊熊烈火烧不尽的草;正气是茫茫戈壁磨不灭的杨;正气是涓涓细流剪不断的泉。一个人身上

第六章 跟鲁迅学正气——正义凛然,绝不动摇

有了正气,就不会畏惧任何困难。中国是一个自强不息的民族,无数人用自己身上的正气托起了这条巨龙的腾飞,而鲁迅就是其中极为杰出的一位。他用他的正气,谱写了一首激励人心的正气歌。

1931年2月7日晚,24名气宇轩昂的男女青年革命者高唱着《国际歌》,被押送到了刑场。没一会儿,一阵枪声响起,打破了夜的宁静,他们的满腔热血洒在了中华大地上。在这些被杀的青年当中,有5位左翼联盟的革命作家,他们是柔石、冯铿、李伟森、胡也频和殷夫。

第二天,残忍的敌人并没有放过他们,将他们的衣服剥去,将尸体埋到了一个事先挖好的大坑里。从这5位左联革命作家被捕的那一刻起,敌人就一直没有放过对鲁迅的侦查。鲁迅为了用"壕堑战"的方式坚持战斗,从1月20日开始,就在上海黄陆路一家日本人开设的花园庄旅馆里避祸,一直待了近四十天。

鲁迅听闻他们被杀害的消息之后,内心非常悲痛,写下了七言律诗《惯于长夜过春时》:

惯于长夜过春时,挈妇将雏鬓有丝。梦里依稀慈母泪,城头变幻大王旗。

忍看朋辈成新鬼,怒向刀丛觅小诗。吟罢低眉无写处,月光如水照缁衣。

鲁迅在这首诗中表达了对国民党腐朽政权的仇恨和顽强不屈的战斗精神。

当时,国民党反动派严密封锁了5位烈士牺牲的消息,企图掩盖自己的罪行。因此,冲破敌人的文网,将他们的罪行揭露出来,成了文坛上一场非常重要的战斗。

鲁迅在这场战斗中,将自身的正气表现得淋漓尽致。

3月18日晚,在我国从事革命活动的美国友人史沫特莱以德国《法兰

跟鲁迅学骨气

克福日报》特派记者的身份来到了鲁迅的住所,见到了刚回来不久的鲁迅。史沫特莱发现,此时的鲁迅眼睛里充满了仇恨。鲁迅交给了史沫特莱一篇名为《黑暗中国的文艺界的现状》的文稿,请她翻译成英文,在国外刊物上发表。在这篇文章中,鲁迅愤怒地揭露了国民党反动派的罪行,并坚定地预言:左翼文艺现在和无产者一同受难,将来当然也将和无产者一同起来。

史沫特莱深为鲁迅的文字感染,同时也担心鲁迅会因为这篇文章而招来灾祸,就劝他说:"如果发表出来,你一定会被杀害的。"鲁迅毫不犹豫地说:"那有什么关系?中国总得有人出来说话!"接着,鲁迅又跟史沫特莱共同起草了《为纪念被中国当权的政党——国民党屠杀大批中国作家而发出的呼吁书和宣言》,呼吁世界舆论给予那些不停地坚持战斗的中国革命者以强有力的声援。

鲁迅不顾个人生命安危,同敌人进行战斗,他用滴血的心在沉默的中国呐喊,他以笔作枪,用热血将心中的正气张扬,用满身的正气诠释出了中华民族的精神。因为身有正气,所以他无惧残暴的敌人,无惧一切反动势力。

一个人拥有了正气,便不会被邪恶打倒;一个人拥有了正气,便能够顶天立地;一个人拥有了正气,便不会被强权吓倒。

公元前520年,齐国军纪松弛。北方的晋国和燕国趁机攻打齐国,没多久就占领了齐国的很多领土。在这危急时刻,齐景公赶忙召集文武大臣商量对策。最后,相国晏子推荐军事才能出色的田穰苴做统帅,带领士兵出战。

田穰苴接受命令后,深知自己的责任重大,丝毫不敢怠慢,他对齐景公表明了誓死为国杀敌的决心,并请求齐景公给他派遣一名监军,负责

第六章 跟鲁迅学正气——正义凛然,绝不动摇

协助他监督军队。齐景公同意了田穰苴的要求,派遣自己最宠爱的大夫庄贾做监军,协助田穰苴作战,共同抗敌。两人商议了出兵计划,并定于第二天中午一同到营中发布出兵命令。

庄贾是齐景公的宠臣,善于谄媚,趾高气扬,目空一切,所以根本不把出身卑贱的田穰苴放在眼里。次日,田穰苴提早来到军营,集合好队伍,做好了一切准备。然而,快到了中午,还不见庄贾的人影。直到黄昏时分,庄贾才醉醺醺地来到军营。

田穰苴不露声色地问庄贾:"昨天你我约定今日中午来军中发布命令,现在已是黄昏,你是监军,理应知道军中无戏言。请问你为什么还要迟到?"庄贾说道:"文武大臣、亲朋好友们跟我饮酒话别,所以就来晚了,这不值得大惊小怪吧!"说完,转身就要走。

田穰苴厉声喝道:"你身为监军,军情紧急之时,你却酗酒无度,误了军期,该当何罪?"庄贾没想到田穰苴会这样大声斥责自己,便愤怒地回道:"别说文武大臣,就连大王也对我礼让三分,你田穰苴刚当上统帅还没几天,竟然向我兴师问罪,这样未免太狂妄了吧?"说完转身又要走。

田穰苴怒容满面地说道:"你不用走了。作为士兵,一接到命令,就应该忘记自己的家;担任了军职,就应该忘记亲朋好友;在战场上听到了枪鼓之声,就应该忘记自己的性命。现在国家危急,百姓们盼我们早日杀敌救国,你身为军队的监军,却在大敌当前、军情紧急的情况下,不以国家利益、民族存亡为重,却饮酒作乐。你上对不起大王的重托,下对不起百姓的期望。现在你不仅违反军法,而且毫无悔改之意,如果留你,则扰我军心,泄我士气。"接着,就下令将庄贾斩首。

庄贾的随从见势头不妙,便逃出军营,向齐景公求救去了。齐景公得知田穰苴要斩杀庄贾,于是马上派出了使者前去营救。然而,使臣还没有赶到,庄贾就已经被杀掉了。

使臣驾车赶到军营,不顾军士的阻拦,直冲营中。田穰苴见使臣不顾军规乱闯军营,面带怒色地说:"军法早有规定,将军在外打仗,即使有君王的命令,有些也可以不接受。你们乘车不顾军士阻拦,强闯军营,同样也违反了军规。"回头喊道:"军法官,军法规定,对乱闯军营者该如何处罚?""应当斩首!"军法官答道。那位使臣听了,吓得全身直冒冷汗。

"你是大王派来的使臣,暂且饶你一死。但是,军纪不容许破坏。"于是,田穰苴下令斩杀了驾车的仆从和马匹。

田穰苴不畏权势的气势,振奋了军心,使得全军上下万众一心,直打得敌军节节败退。田穰苴一路追击,收复了失地。

正直的人之所以强大,是因为他们身上具有正气,所以保持着不畏强权的内心。正直的人之所以有骨气,是因为骨气作为一种人格力量和出于对美好理想的执著追求与坚定信念,它可以使一个人自立、自主、自强,在任何情况下都保持高尚的操守。

4.敢于说真话

当你指出他人的缺点和错误时,因为说真话,可能会招来对方的不满;当你指出自己的过失和不足时,因为说真话,则会得到对方的理解。说真话,有时会带来伤害,有时会得到尊重,于是,说真话就成了一个需要思考的问题。

说真话是真实生活的基础,所以在生活中,人一定要说真话。敢于说真话,不仅关乎着一个人的道德品质,而且还关乎着一个人的气节。在那个慌乱的年代,鲁迅就做到了敢于说真话,敢于写出心中淋漓的恨。

第六章 跟鲁迅学正气——正义凛然,绝不动摇

1931年冬,全国的爱国学生自发集中起来,到南京国民党政府请愿抗日,没想到却被反动军阀残忍镇压。国民党当局甚至还给爱国学生冠上"捣毁机关,阻断交通,殴伤中委,拦劫汽车"的罪名,并且借口"友邦人士,莫名惊诧"。这一行为不仅将学生的爱国行动列为了非法行动,而且还表明自己镇压学生是合情合理的。针对国民党当局的这种行为,鲁迅先生气愤地指出:"好个'友邦人士'!日本帝国主义的兵队强占了辽吉,炮轰机关,他们不惊诧;阻断铁路,追炸客车,捕禁官吏,枪毙人民,他们不惊诧;中国国民党统治下的连年内战,空前水灾,卖儿救穷,砍头示众,秘密杀戮,电刑逼供,他们也不惊诧。在学生的请愿中受一点纷扰,他们就惊诧了!""好个国民党政府的'友邦人士'!是些什么东西!"

在抗日救亡这一重大问题上,鲁迅坚决地表明了自己的抗日立场,并犀利批判国民党当局的虚伪。他在看到现实的形势后,直截了当地表明自己的真实想法,称得上是一个敢于讲真话的人,是一个真正的人。

古今中外,没有以讲假话为荣的人,也从未听说过有人公开去赞美一个骗子。《狼来了》《皇帝的新装》告诉我们,说谎的人必定会受到他人的嘲笑,也必定会付出惨痛的代价。说真话是一种美德,一种正气,即便面对强权,也不应丧失自己说真话的勇气。

宋太祖赵匡胤有一个爱好,喜欢在皇宫的后园打鸟玩。有一次,太监禀报皇帝,有几个大臣称有急事,要面见皇上。宋太祖听了,便召见了这几个大臣。可是,这几个大臣上奏的并不是什么急事,只是再普通不过的事情了。宋太祖心里不高兴,就质问大臣们为什么说谎。其中一个大臣说:"依臣来看,这些事情虽然普通,但是却比打鸟的事情紧急。"宋太祖听了心里更加不高兴,顺手拿起旁边的东西,扔向那位大臣,打掉了他两颗牙齿。这位大臣默默地弯下腰,捡起了自己的牙齿,放在了怀里。宋太祖见状,问他:"你将牙齿捡起来,难道是想保留告我的证据吗?"这位大臣说:"臣是不会告陛下的,但是史官会把这件事情记载下来。"这时,宋太祖突然明白了一个道理,转而变得和颜悦色,赏赐给了这位"犯上"的大臣不少黄金。

这个故事告诉我们,一个人无论面对怎样的权威,都要有坚持讲真话的勇气,这样才能凸显出自己的品格和骨气。鲁迅说:"我在苦恼中常常想,说真实自然须有极大的勇气的;假如没有这勇气,而苟安于虚伪,那也便是不能开辟新的生路的人。"

明代的海瑞就是一个敢于讲真话,不怵龙威的人。

嘉靖皇帝到了晚年,变得非常昏庸。他经常不接见大臣,不商议国事,也不处理政事,每天都在道士的陪伴下,烧炼"仙丹",希望长生不老。然而,仙丹没有炼成,他的身体却一天不如一天了。当时,贪官污吏趁机搜刮民财,百姓不得安宁。一些正直的官员,想劝劝嘉靖皇帝管一管,可又担心劝不好,被皇帝杀掉。

那时,海瑞已经当上了户部主事,看到百姓受苦,他的内心非常煎熬。他花了几天时间,写了一份奏章,里面将皇帝的坏事都写上了。在上鉴之前,他先让家人给自己买了一口棺材,以表示自己的决心。

嘉靖皇帝刚看了几眼海瑞的奏折,就气得两眼直冒金星,倒在椅子上起不来了。首辅徐阶和太监一起,把皇帝扶了起来。嘉靖皇帝对徐阶说:"你快念给我听听!"

徐阶捡起奏章,竟然吓呆了。原来,奏章上都是"骂"皇帝的话。徐阶不敢念,嘉靖皇帝却一直催促他念,无奈之下,徐阶只好硬着头皮念下去。海瑞在奏章中毫不留情地指责皇帝信任奸臣,排斥忠臣,弄得国不安宁。

还揭露贪官污吏到处搜刮百姓。甚至还讽刺说:"皇上信道教,想长生不死,可连道士自己都早已死了,你还能不死吗?"最后,海瑞劝嘉靖皇帝,赶快改正错误,好好治理国家。

嘉靖皇帝非常生气,命人将海瑞关起来。可是太监说,海瑞已经买好了棺材,根本就没有活着回去的打算。嘉靖皇帝又把海瑞的奏章拿过来读,一天读了好几遍,被他感动得长叹,几个月都没有批复。皇帝说:"这人可以比得上比干,但是我不是纣王啊。"徐阶劝说嘉靖皇帝不要跟海瑞那个书呆子计较,先把他关起来。嘉靖皇帝同意了。

海瑞冒死上鉴控诉皇帝的错误,敢于说真话,为的是国家、百姓的利益,为的是正义。其精神令人不得不佩服。

著名作家巴金老先生说过:"哪怕是给铺上千万朵鲜花,谎言也不会变成真理。人只有讲真话,才能够认真地活下去。"鲁迅说:"青年人先可以将中国变成一个有声的中国:大胆地说话,勇敢地进行,忘掉一切利害,推开古人将自己的真心话发表出来。"

5.正义,才是正确的价值取向

有一种力量,它是伟大的,是世人无法抵制的,是可以战胜邪恶的,这种力量就是正义。

1933年6月18日上午8时,杨杏佛带着儿子小佛乘坐纳喜牌敞篷车去大西路骑马。当汽车刚要转到亚尔培路时,突然,4名身穿劳动服的暴徒冲出来,朝着杨杏佛的车一阵疯狂扫射。杨杏佛听到枪声,知道有人刺杀自己。因为这几周,他不断接到恐吓信和口头警告,有的信封内还装有子弹,但他没有放在心上。枪声还在继续,杨杏佛迅速扑在儿子小佛身上,以免他受伤。

杨杏佛身中数弹,其中一颗打中了胸部心尖,他瞬间倒在血泊之中。幸而小佛没有性命之忧,只是受了一点轻伤。杨杏佛被刺杀,鲁迅也陷入了危险之中。鲁迅在给友人写的信中说:"目前上海已开始流行中国式的白色恐怖。丁玲女士失踪(一说被暗杀),杨铨氏(民权同盟干事)被暗杀。据闻在'白名单'中,我也荣获入选……"然而,鲁迅并没有被反动派的举动所吓倒,他就像一颗大树,毅然屹立在黑暗暴力的进袭面前。即便淫威和暴力不断压他的脊梁,却总也压不断,因为有亿万人民做他的精神支柱。

当时,有一个日本人向鲁迅询问杨杏佛是不是共产党员。鲁迅老实不客气地回答说:"杨杏佛岂但不是共产党员而已,他还是国民党的人呢。可见今天的国民党当局,只要是爱国者就都是共产党,就都要加以消灭,是确实很忠心于帝国主义的,你们日本人大可以放心!"

1933年6月20日下午,杨杏佛的入殓仪式在上海万国殡仪馆举行。鲁迅冒着被暗杀的危险,前去送殓,他甚至出门时没有带钥匙,以表示自己牺牲的决心。

送殓归来,鲁迅回到寓所,握起战斗的笔,用跟他思想一样锋利的笔尖,饱蘸着战士的血泪,写下了一首撼人心灵的七言绝句,以寄托自己的哀思:

岂有豪情似旧时,
何期泪洒江南雨,
花开花落两由之;
又为斯民哭健儿。

第六章 跟鲁迅学正气——正义凛然,绝不动摇

正义能让一个弱小的人在面对强大的敌人时获得尊严和力量,能让他直面自己的热情与信仰。坚持正义,能让一个人的人格变得崇高与伟大。

战国后期,赵惠文王在位时,国库的收入有很大一部分是各地上缴的税钱。因此,为了确保被征税金能按时交纳,各地都设有专门的税收员,在这些税收员中有一个叫赵奢的人。赵奢虽然年轻,但工作认真负责,只要是应该收的税,他都会尽力收入国库。无论对方是什么人,他都不讲情面,为此还得罪了一些皇亲国戚。

当时,惠文王的弟弟平原君赵胜担任相国,掌握着国家的军政大权,可谓一人之下,万人之上。他的家奴仗势欺人,无视法纪,经常殴打上门催税的税官。久而久之,没有税官再敢上他家催讨拖欠的税金了。

赵奢来到这个税区后,在整理税收账目时,发现这个地区征税工作很乱,很多家都拖欠税金。尤其是平原君家,已经很久没有依法交纳国税了,属于这一带拖欠税金最多的一户。赵奢十分气愤地说:"平原君身为相国,他家竟然带头不交国税,破坏税收制度,难怪这个地区的税金总是收不齐,原来是有这个钉子户做榜样。这样下去,总有一天这地区的所有人都会向他看齐的。不行!不依法交税绝对不行。明天我就上他家催税,一定要讨清他拖欠的税金。"

他的同僚见他要亲自去收平原君家的国税,纷纷劝他不要去,毕竟胳膊拧不过大腿。但是赵奢说:"催税是我们税收官应尽的职责,如果因为怕他就对他的逃税行为视而不管,国家的税收还有保障吗?那国家还要我们这些税收官干什么?"之后,赵奢列出了平原君家历来欠税的清单,去平原君家收税去了。

谁知平原君家的管家根本就不买账,趾高气扬地骂了赵奢一顿。赵奢只留下了一句话,如果不交税金,后果自己负责。有一天,税署门前来了

跟鲁迅学骨气

一群人,自称是平原君家来缴纳税金的,点名要见赵奢。这伙人一进门,见人就打,见东西就砸,见赵奢出来,甩开其他人,一起挥拳朝赵奢打来。可是赵奢武艺高强,三下两下地把这几个穷凶极恶的家丁都杀了。剩下的家丁见势不妙,纷纷逃了回去,向平原君报告。

平原君一听家丁被杀,怒不可遏。他命令武士前往税署,将赵奢抓来。赵奢被武士五花大绑地押进平原君的官府大堂。只见他昂头挺胸,毫不畏惧。

"赵奢,你知罪吗?"平原君怒气冲冲地叫道。

"我没犯罪,因此不知罪!"赵奢大声回答。

"你不知罪是吗?那好,我告诉你,你杀了我的家丁,几条性命啊!还不认罪。"平原君盛气凌人地说道。

"你的家丁破坏国家法律,抗税行凶,大闹税署,已犯了死罪。我是依法惩治他们,有什么罪?即使我不杀了,法律还是要判他们死刑的。"赵奢理直气壮,平原君一时语塞了。赵奢接着说道:"你身为王室贵族,又身居高位,居然放纵家人逃税、抗税,破坏国家税收,你知不知道,因为有你带头,这地区已有好些家都抗税不交,有罪的应该是你。"

平原君没想到赵奢竟敢在大堂上当着所有人的面指责他,不觉一愣,但又感到这个青年非同一般,居然不怕死,于是就耐着性子继续听下去。只见赵奢义正词严地继续说道:"你带头放纵家人不守国法,国法就要被你们这些人破坏;国法被破坏,国家就要衰败;国家一衰败,邻国就会来侵略;邻国来侵略,国家就要灭亡。到那时,别说你的高位和富贵,就是人头都难保住,你说是不是?"平原君听了,脸色开始缓和了。赵奢又接着说道:"凭你的地位,若能够带头奉公守法,全国上下就会安定;上下安定,国家就富强;国家富强,赵国政权就牢固了,到那时,你依然身居高位,天下哪个能比得上你呢?"

听了赵奢的一席话,平原君心头的怒气渐渐消了,他觉得这个青年不

第六章 跟鲁迅学正气——正义凛然,绝不动摇

仅有见识,而且有胆识,是个了不起的人才。于是,他亲自为赵奢松绑,并向赵奢赔礼道歉。接着,他命令家人补交拖欠的全部税金,赔偿损失。

从此,这个地区再也没有人拖欠税金了。当时的人们都称赞道:"赵奢执法不怕压,真是无私无畏、智勇双全啊!"

正义的力量能驱走一切邪念,能唤醒沉睡的良知,任何非分之想在正义面前都显得苍白无力。要想张扬心中的正气,首先要有正直的品性。正直能让你有勇气坚持你认为是正确的东西,有勇气公开反对你确认为是错误的东西。正直还表现为坚持不懈,一心一意追求自己的目标,拒绝放弃坚忍不拔的精神。每一个人都应该用正义的责任捍卫个人的荣誉。

6.做人要忠诚,要坚持正气

忠诚不仅是人类最重要的一种美德,也是一种高尚的情操。人应该忠诚于家人、朋友、事业,更应该忠诚于自己的祖国。与忠诚相对的是背叛。背叛是对自己原来信仰的一种背离与叛变,是背弃道德的约束,背弃自己的承诺,叛离大众的利益。我们要避免背叛,做到忠诚,做一个真正对家庭、社会、国家有意义的、有价值的人。

鲁迅是一个忠于国家的人。在甲午战争、庚子事变后,他深切体会到中国工业技术远不如船坚炮利的列强国家,于是选择了矿务学堂。在"科学救国"的影响下,他认识到医学的重要性,于是选择远赴日本学医。在被"中国是弱国,中国人当然是低能儿"这句话刺激到之后,他最终决定

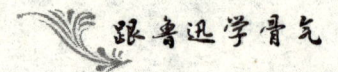

弃医从文,从思想上拯救国家。

在日本求学期间,鲁迅更加深刻地认识到,清廷已经腐朽得不可救药,于是他跟随章炳麟从事革命,与保皇立宪派展开了针锋相对的思想战。辛亥革命前夕,鲁迅回到祖国,从事教育工作,当了十几年的"公务员"。但随着对北洋政府的失望,他又奔赴当时的革命中心——广州,接着在"4·12政变"后,转往上海,直到去世。

纵观鲁迅的一生,不难看出,他生命中的每一次转变,都是为了实现心中的目标,都体现了对祖国的热爱。而他也在自己的作品中,寄托心志,启发民众,为了祖国的新生而呐喊。他的一生都忠诚于自己的祖国。

忠诚是一种特质,是一种自我尊重,是一种让人成长的精神力量。

小狗汤姆到处找工作,忙碌了好多天,却毫无收获。他垂头丧气地向妈妈诉苦说:"我真是个一无是处的废物,没有一家公司肯要我。"

妈妈奇怪地问:"那么,蜜蜂、蜘蛛、百灵鸟和猫呢?"

汤姆说:"蜜蜂当了空姐,蜘蛛在搞网络,百灵鸟是音乐学院毕业的,所以当了歌星,猫是警官学校毕业的,所以当了保安。我和他们不一样,我没有接受高等教育的经历和文凭。"

妈妈继续问道:"还有马、绵羊、母牛和母鸡呢?"

汤姆说:"马能拉车,绵羊的毛是纺织服装的原材料,母牛可以产奶,母鸡会下蛋。我和他们不一样,我什么能力也没有。"

妈妈想了想,说:"你的确不是一匹拉着战车飞奔的马,也不是一只会下蛋的鸡,可你不是废物,你是一只忠诚的狗。虽然你没有受过高等教育,本领也不大,可是,一颗诚挚的心就足以弥补你所有的缺陷。记住我的话,儿子,无论经历多少磨难,都要珍惜你那颗金子般的心,让它发出光来。"

第六章 跟鲁迅学正气——正义凛然，绝不动摇

汤姆听了妈妈的话，使劲地点了点头。

在历尽艰辛之后，汤姆不仅找到了工作，还当上了行政部经理。鹦鹉不服气，去找老板理论，说："汤姆既不是名牌大学的毕业生，也不懂外语，凭什么给他那么高的职位呢？"

老板冷静地回答说："很简单，因为他忠诚。"

忠诚不仅是一种高贵品德，也是有骨气的一种体现。忠诚不是口头说说就可以的，需要我们经受严峻的考验。正所谓"患难见真情"，危机、困境的局势，正是检验一个人是否忠诚的良机。只有经受住考验的人，才是有骨气的人，是不会改变气节的人。而经受不住考验的人，则是软骨头，会丧失自己的气节。

1935年冬天的一个傍晚，鲁迅收到了一个神秘的传信，约好在某地见面。虽然鲁迅并不知道对方是谁，但他还是赴约了。到了指定地点，鲁迅见到了一个陌生的年轻女子。她得知来人是鲁迅之后，将一个小纸包和一封信交给了鲁迅。这封信既没有写收信人的名字，也没有写发信人的名字。

鲁迅先生读完这封短信，又跟那名女子聊了片刻，就告别女子，急忙回到家中。他打开纸包，按照那封信里的说明，把右角上用墨笔点了两点的一张毛边纸拿了出来。

虽然这是一张白纸，但鲁迅很快就明白了，这应该是一封用米汤写的信。他在装满水的脸盆里，滴入了一些碘酒，再将纸平铺在水面上，没一会儿纸上就出现了淡蓝色的字迹。

原来，这是共产党员方志敏同志写给鲁迅的信。在长征开始的时候，由于叛徒告密，方志敏被国民党反动派抓住了，在监狱中受尽了折磨。即使国民党党棍和劣绅用金钱、地位引诱他，他也不改自己的信念。他利用敌人要他写"自白书"的笔墨,写了充满着爱国主义热情的文章,又秘密地用米汤给党中央写信,总结了这次先遣队胜利和失败的经验教训,以及今后工作的建议。

方志敏写好之后,决定找一个可靠的人将这些密信和文稿转交给中国共产党中央委员会。思索了半天,方志敏想到了鲁迅。他读过鲁迅的文章,深信鲁迅对革命事业的忠诚,于是决定把信件和文稿送到鲁迅的手里。他相信,鲁迅一定能够完成这个艰巨、危险的任务。方志敏同志在信里说,他已经抱定牺牲的决心,没有任何牵挂和留恋。只有一点,他希望鲁迅先生能把送上的三张空白毛边纸和一束文稿,设法转给中国共产党中央委员会。

鲁迅看完信后,心头涌起了一股悲愤的感情。他的脸色变得苍白,因为方志敏的坚强和执著,更因为他对自己的信任。鲁迅先生又从头读了一遍方志敏的信,然后将这张纸销毁,又把剩下的三张毛边纸收好,然后开始小心地翻阅着方志敏的文稿,一篇《清贫》,一篇《可爱的中国》。方志敏的决定是正确的,在白色恐怖弥漫的年代里,无论环境怎样险恶,鲁迅一直珍藏着密信和文稿。直到1936年4月,鲁迅先生在逝世前半年,终于找到一个稳妥的渠道,把这些重要的文件转交给了中国共产党中央委员会。在所有共产党员的心中,鲁迅是一个能以生命相托付的、最可信任的同志,是一个忠诚于国家的同志。

人世复杂,瞬息万变,思想深植于心灵,每个人对于人生的理解各不相同。但有一点是相同的,那就是人无论什么时候都要忠诚,都要经受住危机、诱惑的考验。只要对人忠诚,对国家忠诚,就能坚守心中的一腔正气。

第六章 跟鲁迅学正气——正义凛然，绝不动摇

7.树立正确的金钱观

现行社会，拜金主义风气盛行，很多人信奉"有钱能使鬼推磨"，张口闭口都是钱。有的人甚至为了金钱，软化了骨头，不惜出卖自己的人格和尊严。这样的人没有骨气。

金钱是必须的，也是每个人都喜欢的，就连鲁迅这样的名人也不例外。鲁迅在他的文章《娜拉走后怎样》的演讲中，充分地说明了自己的金钱观。"钱这个字很难听，或者要被高尚的君子们所非笑，但我总觉得人们的议论是不但昨天和今天，即使饭前和饭后，也往往有些差别。凡承认饭需钱买，而以说钱为卑鄙者，倘能按一按他的胃，那里面怕总还有鱼肉没有消化完。须得饿他一天之后，再来听他发议论。"

鲁迅不避讳谈钱，但他奉行"君子爱财，取之有道"。鲁迅切实注重自己应得的经济利益，这样的行为是值得赞赏的。

鲁迅的经济来源主要是稿费、版税和编辑费。他的书大部分是交给北新书局出版。北新书局的创始人是鲁迅在北大任教时的一个学生，名叫李晓峰。1925年，在鲁迅、孙伏园等人的帮助下，李晓峰在北京创办了北新书店，出版鲁迅及新文学的书籍。他们之间的关系一直不错，经常互通信件和见面，因此，鲁迅非常信任李晓峰。每次李晓峰送来版税、编辑费时，鲁迅也不详细核对。

1928年，鲁迅与许广平到上海后，一心一意从事写作，写的9部著作都交给了北新书局出版。按理说，鲁迅的版税和编辑费应该比之前更高才是，可实际上，鲁迅得到的稿费、编辑费却少了三分之一。这是怎么回事呢？原来，是北新书局克扣了一部分钱。郁达夫《回忆鲁迅》里记下了这件事情："北新对著作者，平时总只含混地说，每月致送几百元版税，到了三

跟鲁迅学骨气

节,便开一清单来报账的。但一则他的每月致送的款项,老要拖欠,再则所报之账,往往不十分清爽。"

后来,鲁迅认真核对了款项,证实北新书局克扣了他2万多银元的版税。于是,鲁迅请了律师,对北新书局提起了版税诉讼。最后,鲁迅打赢了官司,得到了自己应得的那些版税。

还有一次,鲁迅跟某个出版社达成协议,为出版社撰写书稿,但由于这个出版社不支付标点符号的稿费,所以鲁迅的书稿中没有加一个标点。

出版社编辑看了书稿后,以"难以断句"为由,给鲁迅写了回信,要求他加上标点。鲁迅回复说:"既要作者加标点符号分出段落、章节,可见标点还是必不可少的。既然如此,标点也得算字数。"最后,那家出版社只好答应了鲁迅的要求,支付了标点符号的稿费。

人的生活离不开金钱,只有有了金钱才能活下去。但面对金钱的诱惑,我们要特别珍重自己的人格和尊严,因为人格与尊严是无价的,是不容侵犯的。鲁迅曾说:"近十年来,文学家的头衔,已成为名利双收的支票了,好名渔利之徒,就也有些要从这里下手。"

1935年4月的一天,鲁迅收到了日本友人增田涉的一封来信。增田涉在信中说,他已经把鲁迅的学术专著《中国小说史略》译成日文交"赛棱社"出版了,日文版的《鲁迅选集》也被列为《岩波文库》之一由岩波书店发行。增田涉还告诉鲁迅,等到《鲁迅选集》日文版出版后,书店会将一些礼物赠送给他。因为依照惯例,作家的作品被译成外文出版,作家是可以收取报酬的。

由增田涉信中提到的报酬问题,鲁迅想到了当时中国文坛上的一些现象。有些文人为了出名不择手段,将他人的文章略加改动后,写上自己

第六章 跟鲁迅学正气——正义凛然,绝不动摇

的名字发表;还有的文人从军阀手中领津贴、从洋人那里拿赏金。这样的人数不胜数。鲁迅对此感到浑身不舒服。

早在1929年,当《阿Q正传》的俄译本由列宁格勒的激陵出版社出版时,俄译者王希礼准备寄给鲁迅版税,但是被鲁迅谢绝了。他以此提醒自己保持高度的政治警觉,不给敌人以任何可乘之隙。他还毅然决定,今后无论哪一国翻译他的作品,他都不取版税,只要他的心血能汇入世界进步文化的长河之中,就达到了他的愿望,名义和报酬无关紧要的。

在这种崇高思想的支配下,鲁迅在4月底给增田涉写了一封回信。信中写道:"《小说史略》有出版的机会,总算令人满意。对你的尽力,极为感谢。'合译'没有意思,还是单用你的名字好……再:如得到《选集》版税,请勿给我送任何东西,否则,东西一多,搬家大不方便。"鲁迅用幽默的方式,表现了他那比金钱还贵重的心灵。

孟子教导我们"富贵不能淫,贫贱不能移",但在现实生活中,真正能做到的有几个人呢?保持自身正气的人又有多少人呢?

1995年3月,在深圳一家韩资公司,一位中国女员工因为过度劳累在工作台上打起了盹。韩国女老板金珍仙知道这个事情后,为了惩罚这名"违规"的女工,她让正在生产线上工作的全体中国员工站队集合,然后举起双手做投降状,就地跪下,并声称若有一人不服从,那么其余的人都"永远跪着上班"。

许多工人为了工资,选择了下跪。但有一个人却始终如青松那样一动不动挺立在原地。那就是孙天帅。

"跪下!"女老板向他凶狠地咆哮。

"请问,我为什么要跪下?"孙天帅强压住心头的愤怒。

"不跪你就滚蛋!"

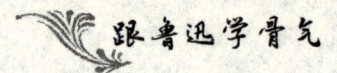

"我是中国人,死也不在洋老板面前跪下!"

说完,孙天帅昂首挺胸,甩下每月1300元的饭碗,离开了这家韩资企业。

后来,孙天帅回忆说:"当时我只有一个念头,死也不能下跪!因为我是一个有尊严、有人格和国格的中国工人!"这位"不跪的中国人",不为金钱出卖人格的人,成为了人们称道与传颂的英雄。

自古天地有正气,而人生天地间,要活出一口气,要活得正大光明,决不能拿人格去做交易。一个人可以卑微,但不能卑贱。面对金钱的诱惑,你必须考虑到自己所付出的代价是否值得,是否有意义。有骨气的人必须大声地对金钱诱惑说:"不!"我们要树立正确的金钱观,保持人类特有的最纯真,最美好的东西,万不能为了金钱而出卖自己的人格。那样的人生是没有骨气的人生,是为人所嘲笑的人生。

8.明哲保身是一种艺术

明哲保身,为的是英雄不折戟;明哲保身,为的是不落个"不肯过江东"的下场。这是古人涉世的重要原则。明哲保身,就是指明智的人善于保全自己。

鲁迅给我们的印象一直是:隶书的一字胡须,刚直不阿,遒劲有力,犹如铮铮风骨的钢铁战士。唐弢在《琐忆》一文中,提到鲁迅时说:"满头是倔强得一簇簇直竖起来的头发,仿佛处处在告白他对现实社会的不调和。"其实,鲁迅也懂得明哲保身的智慧。罗曼·罗兰在《约翰·克利斯朵夫》中说:"真正的光明决不是没有黑暗的时间,只是永不被黑暗所遮蔽罢了。真正的英雄决不是永没有卑下的情操,只是永不被它所屈服罢了。"这就是鲁迅精神的真实写照。

鲁迅在日本东京留学期间,接触到了著名学者章太炎、革命党人徐锡麟等人,他热情地支持资产阶级民主革命派创立的组织和革命刊物,认为这能够拯救中国。1903年3月,鲁迅加入了当时最先进的革命组织——光复会。这个组织的主要领袖是陶焕卿,他是位非常激进,影响力很大的人。光复会的成员大都是中国浙江人,其主要目的是组织暗杀当时腐败卖国的清政府官员和组织会党起义,具有很强的反清意识。鲁迅非常敬佩那些革命家,但他同时又感觉到仅仅刺杀清政府的几个官员,是不能真正拯救国家的。

鲁迅当时的主要任务是保管被追杀的革命党人的文件、章程、名单、记录本等。除此之外,就是努力地研究科学。

有一次,光复会会员徐锡麟被派往中国,任务是刺杀安徽巡抚恩铭。结果刺杀失败,徐锡麟不仅被杀害,而且还被挖出了心。消息传到东京后,光复会的成员们都愤怒不已,鲁迅的情绪也非常激动,对恩铭部下的行为极为愤慨。

不久后,鲁迅也接到了组织的一项危险任务,回国刺杀清政府的某位大员。鲁迅最终没有答应,并对给他安排任务的人说:"我可以立即动身的,现在只想了解一下,如果自己死了,剩下我的母亲,谁来替我照顾她呢?"

组织见他顾虑重重,就没有强迫他去,而是改派他人了。

在其后的几十年当中,他曾多次对许广平说:"革命者叫你去做,你只得遵命,不许问的,我却要问,要估量这事的价值,所以我不能做革命者。""我看事情太仔细,一仔细,即多疑虑,不易勇往直前。"

鲁迅为何拒绝这项任务？是因为他放不下母亲？还是因为他怕死？其实都不是。他只是认为暗杀不能达到真正的革命效果，刺杀一两个满清权贵也并不能拯救苦难深重的中国。他认为长期的思想斗争才是最合适的，人们已经麻木，只有用文字才能从思想上将其唤醒。

1930年5月，当时主持共产党中央工作的李立三跟鲁迅进行了面谈。大致意思是，中共中央近期要在上海举行一次大规模的游行示威活动，如若顺利的话，之后再进行武装斗争，希望鲁迅能够出面发表革命宣言，配合他的行动。

李立三对鲁迅说："你是有名的人，我想请你带队。"并说要给鲁迅配备一把手枪。鲁迅想了想，说："我没有打过枪，要我打枪我打不倒敌人，肯定会打了自己人。那样一来，我就很难在中国继续呆下去了。"李立三说："这个很容易，黄浦江上停了那么多船，其中也有到苏联的船，到时候你跳上去就可以到莫斯科了。"鲁迅没有答应，对他说道："叫我离开这个城市，到外国住起来做'寓公'，于个人倒挺舒服的，但于中国革命有什么益处呢？我留在中国，还能坚持战斗。"鲁迅跟李立三分别之后回到家里，对冯雪峰说："他的手真软啊。"

只有蛮干的鲁莽，而没有战斗的智慧，这样的人是莽夫，根本就不懂得曲伸之道，怎么能谈得上坚韧，怎么能不软呢？

明哲保身，听起来是避祸保全自己，是没有骨气的表现，实际上不然，它同样表现出了一个人的骨气，并且还有智慧。鲁迅在《世故三味》中写道："人世间真是难处的地方，说一个人'不通世故'，固然不是好话，但说他'深于世故'也不是好话。"

鲁迅做人十分圆滑老到，善于明哲保身。比如说，当某个场合出现特

第六章 跟鲁迅学正气——正义凛然,绝不动摇

务的时候,鲁迅在演讲中就避免谈政治,而是谈一些药、酒、风度之类的东西。他不像闻一多那样,面对特务时拍案而起,厉声喝斥。正是因为这种处世方式,所以在残酷的斗争中,鲁迅一直没有受到伤害。北洋军阀和蒋介石的国民党都心狠手辣,对得罪他们的人从来不放过,但是经常批判他们的鲁迅却平安无事,既没有坐过牢,也没有受到拷打。即便被通缉过几次,最后也是毫发无损。

世故不是虚伪,不是软弱,而是人应该必备的处世策略。世故运用的恰当,那就是一种生存的艺术,一种生活艺术。

纵观鲁迅的一生,他一直用笔杆跟黑暗势力战斗,用词辛辣、尖刻,常常戳中敌人的痛处。面对庞大的黑暗势力,他没有选择屈服,而是在用自己的方式,在遮蔽物后面充满激情而理智地与敌人进行"壕堑战"。这样不仅保全自己,还能尽量减少流血和牺牲,沉着冷静应付局势,这样的人才是真正的有勇有谋的战士。

老子说:"揣而锐之,不可长保。"也就是说,一个人手中的那把武器已经很锋利了,但越锋利,锋刃就越薄,遇到稍微坚硬一点的东西就砍缺了,所以不能长久保持这种锋利。一个人对自己的聪明、权势和财富等,都要有所克制,自保自持。聪慧过人要懂得谦虚包容,权势极人要懂得急流勇退,这才是人生进取和明哲保身之道。